高等学校计算机规划教材

软件文档写作教程

马 平 黄冬梅 编著

电子工业出版社

Publishing House of Electronics Industry

北京·BEIJING

内 容 简 介

软件文档是软件开发、使用和维护过程中的必备资料。本书介绍软件文档写作的基本内容和方法。全书根据软件工程领域的最新发展，结合典型开发案例，力求系统地描述可行性研究报告、项目建议书、招投标文件、需求分析书、概要设计书、详细设计书、项目验收报告和项目总结报告等文档的写作规范与技巧。此外，书中还以数个典型的软件系统开发项目为案例，重点讲述项目建议书、需求分析书、概要设计书、详细设计书和项目验收总结报告的内容、要求、写作技巧与注意事项，指导学生如何撰写软件开发过程中的相关文档。

本书可作为软件工程、计算机科学与技术等专业本科生及研究生的参考书，也可作为相关研究开发人员的参考书和工具书。

图书在版编目（CIP）数据

软件文档写作教程/马平，黄冬梅编著. —北京：电子工业出版社，2017.8
ISBN 978-7-121-31668-5

Ⅰ.①软…　Ⅱ.①马…　②黄…　Ⅲ.①软件工程－应用文－写作－高等学校－教材　Ⅳ.①TP311.5

中国版本图书馆 CIP 数据核字（2017）第 120600 号

策划编辑：谭海平
责任编辑：谭海平
印　　刷：北京京师印务有限公司
装　　订：北京京师印务有限公司
出版发行：电子工业出版社
　　　　　北京市海淀区万寿路 173 信箱　邮编：100036
开　　本：787×980　1/16　印张：14.25　字数：319 千字
版　　次：2017 年 8 月第 1 版
印　　次：2020 年 6 月第 6 次印刷
定　　价：39.00 元

◇ 前　言 ◇

众所周知，软件文档是整个软件开发工作的基础，现代工程化的软件开发离不开软件文档。软件文档体系的建立与软件开发阶段密切相关，是软件开发整个生命周期中必不可少的一部分，软件生命周期始于软件文档，软件文档贯穿着整个软件生命周期。

作者从事软件工程的教学和研究已有十多年的历史，从长期的工作经验中发现，无论是相关专业的学生还是研究开发人员，对软件文档的写作都越来越重视，但对软件文档的写作规范知之甚少，国内有关软件文档写作的教材也比较少，而且缺乏实际案例的分析。软件文档写作是一门实践性比较强的课程，必须结合实际的软件开发案例进行教学。我们在总结多年的教学和研究经验的基础上，参考国内外最新版本的教材和论文，结合作者多年来跟踪国际上相关领域的最新研发方向的成果，编写了本书。

本书不同于一般的软件文档写作教材，书中不仅讲述软件文档写作的基本内容和方法，而且根据软件工程领域的最新发展，结合典型开发案例，力求系统地描述可行性研究报告、项目建议书、招投标文件、需求分析书、概要设计书、详细设计书、项目验收报告和项目总结报告等文档的写作规范与技巧，并以数个典型的软件系统开发项目为案例，重点讲述项目建议、需求分析书、概要设计书、详细设计书和项目验收总结报告的内容、要求、写作技巧与注意事项，指导学生如何撰写软件开发过程中的相关文档。

本书包括以下 13 章。

- 第 1 章是绪论。主要介绍软件文档的意义、作用和分类等相关知识。
- 第 2 章介绍软件文档的写作规范。主要内容包括可行性研究报告，项目建议书，招投标文件的写作规范，需求分析书的写作规范，概要设计书的写作规范，详细设计书的写作规范，项目验收总结报告的写作规范。
- 第 3 章通过典型案例——某市轨道交通突发事件实时应急集成指挥系统开发过程中的软件文档，讲述软件项目立项阶段项目建议书的内容、要求、写作技巧和注意事项。
- 第 4 章通过典型案例——研究生教务管理系统开发过程中的软件文档，讲述需求分析书的内容、要求、写作技巧和注意事项。
- 第 5 章通过典型案例——奥运综合服务系统开发过程中的软件文档，进一步讲述需求分析书的内容、要求、写作技巧和注意事项。
- 第 6 章通过典型案例——地铁综合信息查询系统开发过程中的软件文档，讲述企业实际项目的需求设计书的内容、要求、写作技巧和注意事项。

- 第7章通过典型案例——研究生教务管理系统开发过程中的软件文档，讲述概要设计书的内容、要求、写作技巧和注意事项。
- 第8章通过典型案例——办公自动化系统开发过程中的软件文档，进一步讲述概要设计书的内容、要求、写作技巧和注意事项。
- 第9章通过典型案例——某企业建筑业信息化系统开发过程中的软件文档，讲述企业实际项目的概要设计书的内容、要求、写作技巧和注意事项。
- 第10章通过典型案例——研究生教务管理系统开发过程中的软件文档，讲述详细设计书的内容、要求、写作技巧和注意事项。
- 第11章通过典型案例——中国教育信息化系统开发过程中的软件文档，讲述企业实际项目的详细设计书的内容、要求、写作技巧和注意事项。
- 第12章通过典型案例——校园博客系统开发过程中的软件文档，讲述软件项目结束阶段项目验收总结报告的内容、要求、写作技巧和注意事项。
- 第13章总结全书的主要内容。

本书在浅显易懂的理论介绍之后，将重点放在典型案例分析上，通过具体形象的案例去理解有关理论。本书可作为软件工程、计算机科学与技术等专业本科生和研究生的参考书，也可作为相关研究开发人员的参考书和工具书。

由于笔者学识有限，本书难免有不足之处，恳请各位专家读者不吝赐教。

◇ 目　　录 ◇

第1章

绪　　论

1.1　软件文档的意义

　　人们在开始做一件事情时，首先应弄清楚为什么要做这件事情，并由事情本身的重要性、意义来决定是做还是不做，只有明白为什么要做之后，才会心甘情愿地去做。有做的意愿之后，才是如何做的问题。

　　软件对于客户来说，他们能接触到的就是软件开始运行及运行之后的结果，至于软件是如何实现客户要求的，这是客户无法知道且没有必要知道的。但是，如何使用该软件，软件开发方一般是难以亲自指导客户的。真正让客户学会使用软件的有效方法是，让客户参照使用说明书，即用户手册。从软件开发方来看，由于现在软件系统的规模越来越大，一般已经不是一个人或几个人的小团队能够独立完成的系统，随着系统复杂程度的不同，开发人数从一人到几千人。人数增加到一定程度时，沟通所带来的时空成本都将成指数倍地增长，且最终将不可收缩。此外，今天的软件系统的开发通常不是由单纯的一个团队来完成的，一个大系统往往被分成若干小系统，由不同的开发团队来完成。从时间上来看，一个大系统可能由某个团队承担设计工作，而由另一个团队承担编码，再由另一个团队完成测试工作。系统如何分割，如何把子系统的要求表达清楚，这些问题如果只是依赖简单的口头说明，也许在开始的一段时间内是可以记住的，但是随着时间的增长，记忆开始遗忘，这样的开发模式更增加了开发者之间的沟通难度。

　　软件文档(document)描述系统功能，刻画子系统间的相互关系，是为开发者提供的精确、完整的指导资料。软件文档是软件开发者之间的沟通渠道，是具体工作的安排表，是系统的开发标准。

　　软件文档是软件产品的伴生物，记录着软件产品从诞生之前到开发完成整个过程的相关信息，它具有固定不变的形式，可被人和计算机阅读。它和计算机程序共同构成了能完成特定功能的计算机软件。传统的硬件产品及其产品资料在整个生产过程中都是有形可见的，但是软件生产则有很大不同，软件文档本身就是软件产品的一部分。没有软件文档的软件，不能称其为软件，更谈不上软件产品。没有软件文档的软件是不利于推广、不可维护、无法重用的。软件文档的编制(documentation)在软件开发工作中占有突出的地位和相当的工作量。高效率、高质量地开发、分发、管理和维护软件文档，对于转让、变更、修正、扩充和使用软件文档，对于充分发挥软件产品的效益有着重要意义。

然而，在实际工作中，软件文档在编制和使用中存在着许多有待于解决的问题。软件开发人员中较普遍地存在着对编制文档不感兴趣的现象。从用户方面看，他们又常常抱怨软件文档售价太高、软件文档不够完整、软件文档已经陈旧或软件文档太多、难于使用等。

许多软件文档存在以下问题：

- 错误的语法和/或拼错的词语
- 不完整
- 过时或不准确
- 过于冗长
- 未经解释的缩略语或专用术语
- 查找信息困难

存在这些问题的主要原因是软件文档经常被我们放到次位，因为工程预算迫使我们优先考虑开发过程中的主要活动，也就是那些可以看得到利润的地方。编写文档需要成本，因而它经常成为一项主观上的活动，而且通常被认为没有重要作用，应该尽量避免。许多项目经理认为客户不需要文档，它只是用来装点门面的。

软件文档质量差的另一个原因在于文档撰写者。许多应用程序开发经理认为软件文档的编写是软件开发过程的一个标准组成部分，因此要求开发人员在编码的过程中产出文档。

尽管这种做法在理论上行得通，但它未考虑开发人员编写文档的能力。简单来说，技术人员是用来开发软件而不是编写文档的。为了解决这个问题，许多应用程序开发经理雇用专业技术文档编写者或业务分析师，以期改进软件文档的质量。但这又碰到了另一个难题：专业编写者及业务分析师的技术水平有限。

解决这个问题要考虑需要编写的文档以及文档的预期读者。一般的规则是，写文档需要团队协作，这样就需要开发人员和文档编写者利用彼此的优点，取长补短。例如，假如预期读者是系统设计师，那么开发人员需要提供技术细节，然后文档编写者按照正确语法组织和编辑内容。

1.2 软件文档的作用

只有真正明白软件文档在软件整个生命周期中的作用之后，才能积极并认真地付出时间和精力去撰写软件文档。

软件文档的本质作用是桥梁、是纽带，连接着软件开发方、管理人员、用户及计算机，将其构成一个相互影响、相互作用的整体。软件开发人员在各个阶段中以软件文档作为前阶段工作成果的体现和后阶段工作的依据，这个作用是显而易见的。软件开发过程中软件开发人员需制定一些工作计划或工作报告，这些计划和报告都要提供给管理人员，并得到必要的支持。管理人员则可通过这些软件文档了解软件开发项目安排、进度、资源使用和成果等。软件开发人员需为用户了解软件的使用、操作和维护提供详细的资料，这被称为用户文档。

在软件工程中，文档用来表示对需求、工程或结果进行描述、定义、规定、报告或认证的任何文字或图示的信息。它们描述和规定了软件设计和实现的细节，说明使用软件的操作命令。文档也是软件产品的一部分，没有文档的软件就不成为软件。软件文档的编制在软件开发过程中占有突出的地位和相当大的工作量。高质量的文档对于转让、变更、修改、扩充和使用文档，对于发挥软件产品的效益有着重要的意义。

软件文档的最主要目标是传达一个系统的技术要素和使用方法。第二个目标是提供软件开发过程中的需求、决策、行为、角色和责任的书面记录。只有实现了这两个目标，软件文档才真正提供了有意义的信息。

软件开发人员在各个阶段中以文档作为前阶段工作成果的体现和后阶段工作的依据，这个作用是显而易见的。软件开发过程中软件开发人员需制定一些工作计划或工作报告，这些计划和报告都要提供给管理人员，并得到必要的支持。管理人员则可通过这些文档了解软件开发项目的安排、进度、资源使用和成果等。软件开发人员需为用户了解软件的使用、操作和维护提供详细的资料，我们称此为用户文档。以上三种文档构成了软件文档的主要部分。

1.3 软件文档的分类

1.3.1 可行性研究报告

可行性研究报告的编写目的是说明该软件开发项目的实现在技术、经济和社会条件方面的可行性，评述为了合理地达到开发目标而可能选择的各种方案，说明并论证所选定的方案。可行性研究报告的内容包括可行性研究的前提、对现有系统的分析、所建议的系统、可选择的其他系统方案、投资及效益分析、社会因素方面的可行性和结论。

1.3.2 项目建议书

项目建议书为软件项目实施方案制订出具体计划，包括市场分析，项目的概要介绍，项目的赢利模式，项目的整体框架，各部分工作的负责人员、开发进度、开发经费的开发预算、所需的硬件及软件资源等。项目建议书一般由项目经理根据客户的开发计划来编写，作为整个项目的整体规划，未来的开发工作都基于这个计划来执行。

进行可行性分析是一个自我否定的过程，而写项目建议书是一个向别人阐述自己观点的过程。而且项目建议书一般情况下是要去说服你的上司或者投资人来做这个项目，所以一定要非常完善，把所有可能的利弊都分析到。

1.3.3　招投标文件

国内的软件项目招标文件的写作规则并不存在行业标准。一般的招标文件内容包括项目招标简介、企业信息化项目需求、咨询与实施需求、售后服务要求和信息系统要求等。投标文件内容包括投标人商务文件构成、投标文件要求和项目建议书的写作要求等。

1.3.4　需求分析书

需求分析书由软件开发人员与客户共同编写，客户用自然语言描述对系统的功能和性能方面的预期效果，开发人员将客户需求转化为文字记录下来，尽可能充分地诱导出客户的需求，使未来开发出来的系统能够真正满足客户的需要，与客户预期的系统相差无几。需求分析书是面向客户的软件文档，包括产品概述、主要概念、操作流程、功能列表和解说、注意事项、系统环境等。对系统进行详细的功能分析(包括客户提出的要求和根据开发经验建议的功能)，描述本产品是什么，有什么特殊的概念，包括哪些功能分类，需要具备什么功能，该功能的操作如何，实现时必须注意什么细节，系统运行环境的要求等。

构建一个软件系统，如同建造一所房屋。需求分析书要刻画房屋主人的意图，他想建造一个什么样的屋子，是建一个独门独院的小别墅还是建一个有很多房间的公寓。屋子有几个客厅、几个卧室和几个卫生间，这些房间如何布局等，这些问题都是在需求分析书中必须回答的问题。另一方面，由于房屋主人一般都是建筑方面的外行，就需要房屋设计人员从建筑的角度帮助他们尽可能多地发掘自己的要求。

1.3.5　概要设计书

概要设计书以需求分析书为基础，包括功能实现、模块组成、功能流程图、函数接口、数据字典、软件开发需要考虑的各种问题等。这些问题都是从概要设计书编写开始，就正式进入计算机领域的软件文档了。由于需求分析书随时都有变更的可能性，所以概要设计书制定后也不是一成不变的，它要随着需求分析书的变更而变化，从需求设计书出发，抽象出系统的功能模块，数据库要求，体系结构等大方向的问题。

在建造房屋的这一过程中，概要设计书就相当于房屋主体结构图，此时需要决定的是房屋的格局、用料、管道布局等关键问题，这些问题一旦决定下来，房屋的轮廓就已经出来了。软件的概要设计书也是如此，概要设计书完成之后，软件系统的骨架即可决定，未来的工作就可以在此基础上展开。

1.3.6 详细设计书

概要设计书从高层着手对系统进行描述，但是拿着这样一份概要设计书是无法进行实际编码工作的。详细设计书以概要设计书为基础，对已拆分出来的子系统和功能模块逐个进行设计，这里的设计要详细到每个模块实现的具体步骤，按钮按下完成什么操作，点击某个连接迁移到什么画面，还要绘制出页面原形，提供与数据库的交互方法，数据的表现形式，这些都是要在详细设计书中具体描述的。当然，由于项目复杂度和规模不同，详细设计书的复杂度也会不同，功能简单的系统如果配上复杂的软件文档，只会让软件开发变得更复杂，违背了软件文档建立的目的。相反，如果软件系统复杂度高，参与人员众多，就必须配备详细的软件文档，给不同角色的人员提供尽可能详细而全面的信息。

回到建造房屋这个例子，房屋的骨架搭建起来后，就应丰富它的身体，装修设计如同软件的详细设计，决定屋子的整体风格，屋子四面墙如何安排，是贴墙纸呢还是刷油漆，窗户以及门上的玻璃采用什么花样，灯光如何布置等。装修设计完成之后，未来屋子的全貌就八九不离十了。同样，成功的详细设计书一旦做成，未来软件系统的实现方法也就确定了，编码人员按照详细设计书就可以开始具体的编码工作了。并且由于很多实现细节的问题都在详细设计中考虑分析过，一些技术难题也已经在前期进行攻关试验并最终得出结论，尽量让问题早发现早解决，不至于延迟到项目后期才发现。通过充分的详细设计过程，可以使编码过程变得简单易行，达到事半功倍的效果。

1.3.7 项目验收总结报告

项目验收总结报告的内容包括对所完成系统的测试、验收和总结。测试的目的是为了将软件产品交付给用户之前尽可能多地发现问题并及时修正问题，不至于等到用户在使用过程中才发现问题。测试计划就是规划整个测试的实施过程，计划应包括测试的内容、进度、条件、人员、测试用例的选取原则、测试结果允许的偏差范围等。由于测试会细分为单元测试、集成测试、系统测试等几个环节，测试计划书也应该按照阶段制定。

在软件系统的实际开发过程中，不仅只有以上所述的 7 种软件文档，还有维护手册、用户手册等。

软件系统开发完毕交付给客户之后，软件的开发周期就结束了。但是从软件的生命周期来看，开发周期只是生命周期的一部分，更多的时间在于软件的服役期。软件与有形产品不同，不会随着时间的推移发生物质损耗与折旧，但是软件在运行过程中会发现这样那样的问题，有可能和客户预想的功能稍有出入，也有可能没有正确实现客户的要求，这就是通常所说的缺陷。几乎没有人敢断言自己开发出来的软件投入使用之后一点问题也没有，区别只是缺陷的多少问题。所以软件在投入使用之后，与有形产品一样存在着维护的问题。

　　维护工作有可能是由软件系统的开发方来实施，也有可能是客户方自己有相关的技术人员。无论是由开发方还是客户的技术人员来进行维护，都需要借助维护手册来实施，因为即使是对于开发方，由于他们在完成一个软件的开发之后，很快就会进入下一个新系统的开发中，并且随着时间的推移，对原来系统的记忆开始模糊，逐渐就不能清楚地回忆起当时开发的细节了。对于客户的维护人员就更难知道如何去维护这个软件系统了。所以，维护手册起到了技术支持的作用，通过查看维护手册能够诊断软件的问题，采取相应的措施给予解决。

　　为了提供技术支持，维护手册应当包括产品简介、系统须知、初始环境设置、系统配置、数据管理和备份、技术问题解答和联系方式等。由于维护手册面对的是有一定计算机相关知识的人，所以它的内容应该比较专业，力求用严谨的方式刻画问题的解决方法。

　　用户手册的读者是软件的最终用户，用户需要从手册中获得关于软件系统的各种各样的信息，所以用户手册必须详细地描述软件的功能、性能和用户界面，使用户了解如何使用该软件。用户手册的读者通常都是没有计算机相关知识的人员，这就决定了用户手册书写的语言必须是非专业性质的，与之前提到的概要设计书详细设计书完全不同，它不必关心这个软件系统是如何实现的，采用了什么优秀的体系结构、先进的开发技术等，它只须关心这个软件能为最终用户提供什么功能，如何操作这个软件才能获得这个功能以及在使用软件的过程中应该注意的地方等。

　　对于建造完毕的房子，不会有人特意撰写一份使用说明书，因为房子对每个人来说都不陌生，其功能和使用方法不言而喻。由于房子是一个有形的实体，房子与房子之间的区别，只需要亲身去参观一次便可以一目了然。软件系统则不一样，随着应用领域的不同，各软件之间的差异也相当大，正如俗话说的"隔行如隔山"。由于软件具有这样的特点，使得用户手册在软件产品中具有不可忽视的作用，用户手册成为推广软件的有力武器。

　　软件文档的格式也不是固定不变的，各公司可能有自己的一套标准，并且还可能和用户讨论形成新的软件文档结构。虽然如此，但是这些软件文档的基本内容是一致的。

1.4　软件文档必备的条件　

　　软件系统配备软件文档不仅对于公司非常有益，而且也能够让客户从中受益。由于软件产品如何使用在某种程度上是要依赖软件文档来进行说明的，因此软件文档必须准确可靠。使用不准确的和已经过时的软件文档对于公司的发展也会产生一定的阻碍，同样也会对客户产生消极的影响。一旦客户发现在他们使用产品时遇到了问题，却不能通过求助于伴随软件产品的软件文档的手段进行解决时，客户就会对这种软件产品产生怀疑乃至于失去信心，公司的信誉和利益自然而然地就会受到损害。

　　无论是面向客户的需求分析书、用户手册，还是面向开发者的概要设计书、详细设计书、测试计划书,既然都是软件开发中产生的软件文档,则它们都具有一定的共性,而且都必须具有完整性、准确性、易用性和及时性。

1.4.1 完整性

大多数客户在刚开始使用一个新软件系统时,最快的入门方法就是软件的开发方派出技术人员对客户进行系统培训,通过从头到尾的演示过程,手把手地教会客户该软件的使用方法,并且及时回答客户的提问,这样的培训无疑是快捷而有效的。但是,对于大型的软件系统而言,其客户数量也是巨大的,不可能让所有的客户都停下手中的工作参与到软件的使用培训中去。通常只会选择让客户经理去参加,然后由客户经理再往下推广。这样的推广模式,首先不能保证直接参加软件使用培训的客户经理能充分地理解软件的使用方法;其次,客户经理在向下进行推广时,不能保证他们所说的都能完全符合该软件系统的实际情况。最后,最终用户怀疑自己理解的东西到底是不是开发方想传达的东西。只要传播的环节增加,讹传的可能性就会增加。如何才能判断自己理解的东西是不是正确的东西呢?依据就是软件文档。无论是直接得到软件开发方培训的客户经理,还是经由若干级传播之后的最终用户,他们看到的都是同一份软件文档。通过阅读相同的软件文档,不同用户之间的理解不会有太大的差异。而且将软件文档发送给最终用户让其自行阅读,比逐级进行培训可以节约大量时间和成本。

软件文档的作用是指导开发工作的进行,软件文档的内容应该是完整的。具体工作的展开都是基于软件文档的内容,软件文档记述了做什么、如何做等问题。软件文档就像小说一样,有头没尾、故事情节不完整的话,无法称其为一部完整的小说。每个阶段的软件文档必须为下一个阶段的工作提供必要的信息,这样才能让软件开发工作如流水般顺利地进行下去。

1.4.2 准确性

软件工程是一门工程学,它具备严谨、准确的特点。将这门学科运用到实际的软件开发工作中去,就要求软件开发的过程也必须是严谨而准确的。应用到软件文档的编写中就是,文字表述要明确,逻辑要清晰,不能出现含糊其辞的句子,不能提供多种方案供参考,文档中只能出现充分思考权衡之后的最终实现方案。这样的文档,才不会造成阅读者的歧义,不能像阅读文学作品那样,仁者见仁,智者见智,十个人读完之后有十种不同的感受。软件文档必须让每个人读起来得到的结论是一样的。

1.4.3 易用性

如果一套软件具备功能强大、界面美观、性能优良等优点,唯独操作过于复杂,这样的软件不容易得到推广。相反,在实现相同功能的前提下,操作简单的软件容易被客户接受。软件文档也是一样的，必须具有易用性。软件文档的易用性是指易于查找，当客户想了解软件某方面内容时，必须很容易地知道在什么地方能获得自己想知道的内容，不能将时间花费在寻找上。

1.4.4　及时性

从决定开发一套软件系统开始，时刻都有变化的可能性，唯一不变的就是变更本身。前期终于和客户沟通完毕，形成了详尽的需求分析书，软件开发人员甚至已经开始着手设计该系统，即使是这个时候，也可能经常会收到来自客户的需求变更，于是需求分析书需要重新修改，按照需求变更的影响范围，概要设计书也必须相应地进行修正。经过一段时间的修改，概要设计书终于完成，进入了子系统和功能模块的详细设计阶段。但是，这时又可能发现之前的概要设计书某些方面不够合理，某些子系统的设计过于复杂，子系统间耦合度过高等问题，导致概要设计书的再次修改。随着每一次的软件文档修正，都会产生一个新的软件文档版本，我们必须保证的是，软件开发人员的工作必须是建立在最新软件文档的基础上，避免因为软件文档的版本问题导致返工。

所以，任何软件文档都必须及时地反映开发过程中的变更，并且及时地反馈到软件开发的相关人员手中。

1.5　软件文档的管理

1.5.1　管理者的作用

软件文档管理的标准是为对软件或基于软件的产品的开发负有职责的管理者提供软件文档的管理指南，目的在于协助管理者在他们的机构中产生有效的文档。

管理者需要严格要求软件开发人员和编制组完成文档编制，并且在策略、标准、规程、资源分配和编制计划方面给予支持。

（a）管理者对文档工作的责任

管理者要认识到正式或非正式文档都是重要的，还要认识到文档工作必须包括文档计划、编写、修改、形成、分发和维护等各个方面。

（b）管理者对文档工作的支持

管理者应为编写文档的人员提供指导和实际鼓励，并使各种资源有效地用于文档开发。

（c）管理者的主要职责

（1）建立编制、登记、发布系统文档和软件文档的各种策略。

（2）把文档计划作为整个开发工作的一个组成部分。

（3）建立确定文档质量、测试质量和评审质量的各种方法的规程。

(4) 为文档的各个方面确定和准备各种标准和指南。

(5) 积极支持文档工作以形成在开发工作中自觉编制文档的团队风气。

(6) 不断检查已建立起来的过程，以保证符合策略和各种规程并遵守有关标准和指南。

通常，项目管理者在项目开发前应决定如下事项：

- 要求哪些类型的文档
- 提供多少种文档
- 文档包含的内容
- 达到何种级别的质量水平
- 何时产生何种文档
- 如何保存、维护文档以及如何进行通信

如果一个软件合同是有效的，应要求文档满足所接受的标准，并规定所提供的文档类型、每种文档的质量水平以及评审和通过的规程。

1.5.2　制订文档编制策略

文档策略是由上级(资深)管理者制订的，对下级开发单位或开发人员提供指导。策略规定主要的方向不是做什么或如何做的详细说明。

一般说来，文档编制策略陈述要明确，并通告到每个人且理解它，进而使策略被他们贯彻实施。

支持有效文档策略的基本条件有以下几点。

(a) 文档需要覆盖整个软件生存期

在项目早期几个阶段就要求有文档，而且在贯穿软件开发过程中必须是可用的和可维护的。在开发完成后，文档应满足软件的使用、维护、增强、转换或传输。

(b) 文档应是可管理的

指导和控制文档以获得维护，管理者和发行专家应准备文档产品、进度、可靠性、资源、质量保证和评审规程的详细计划大纲。

(c) 文档应适合于它的读者

读者可能是管理者、分析员、无计算机经验的专业人员、维护人员、文书人员等。根据任务的执行，他们要求不同的材料表示和不同的详细程度。针对不同的读者，发行专家应负责设计不同类型的文档。

(d) 文档效应应贯穿到软件的整个开发过程中

在软件开发的整个过程中，应充分体现文档的作用和限制，即文档应指导全部开发过程。

(e) 文档标准应被标识和使用

应尽可能地采纳现行的标准，若没有合适的现行标准，必要时应研制适用的标准或指南。

（f）应规定支持工具

工具有助于开发和维护软件产品，包括文档。因此尽可能地使用工具是经济的、可行的。

1.5.3　制订文档编制标准和指南

在一个机构内部，应采用一些标准和指南：

- 软件生存期模型
- 文档类型和相互关系
- 文档质量

这些标准和指南决定如何实现文档任务，将提供一些准则以评价机构内所产生的软件文档的完整性、可用性和适合性。

尽可能地采用现行的国家和国际标准，若现行的标准不适用，机构应制订自己的标准。

1．选择软件生存期模型

现有的一些软件生存期模型，对于不同的阶段有不同的词汇，从软件文档的观点来看，采用哪种模型都无关紧要，只要阶段和相应的文档是清晰定义的、已计划的，并且对于任何具体软件项目是能遵循的。因此，管理者应选择一个软件生存期模型并保证该模型在他们的机构内是适用的。

管理者会发现所进行的阶段和相应任务的定义有助于监控软件项目的进展。特定阶段生成的文档可用做该阶段的评审、通过和完成的检验点，而这种检验应在下一阶段开始前进行。

2．规定文档类型和内容

下面给出软件文档主要类型的大纲，这个大纲不是详尽的或最后的，但适合作为主要类型软件文档的检验表。而管理者应规定何时定义他们的标准文档类型。

软件文档归入如下三种类别：

- 开发文档——描述开发过程本身
- 管理文档——记录项目管理的信息
- 用户文档——记录用户所需的信息

3．确定文档的质量等级

仅仅依据规章、传统的做法或合同的要求去制作文档是不够的。管理者还必须确定文档的质量要求以及如何达到和保证质量要求。

质量要求的确定取决于可得到的资源、项目的大小和风险，可以对该产品的每个文档的格式及详细程度做出明确的规定。

每个文档的质量必须在文档计划期间就有明确的规定，文档的质量可以按文档的形式和列出的要求划分为 4 级。

- 最低限度文档(1 级文档)：1 级文档适合开发工作量低于一个人月的开发者自用程序。该文档应包含程序清单、开发记录、测试数据和程序简介。
- 内部文档(2 级文档)：2 级文档可用于在精心研究后被认为似乎没有与其他用户共享资源的专用程序。除 1 级文档提供的信息外，2 级文档还包括程序清单内足够的注释以帮助用户安装和使用程序。
- 工作文档(3 级文档)：3 级文档适合于由同一单位内若干人联合开发的程序，或可被其他单位使用的程序。
- 正式文档(4 级文档)：4 级文档适合那些要正式发行供普遍使用的软件产品。关键性程序或具有重复管理应用性质(如工资计算)的程序需要 4 级文档。4 级文档遵守 GB 8567 的有关规定。

质量方面需要考虑的问题既要包含文档的结构，也要包含文档的内容。文档内容可以根据正确性、完整性和明确性来判断。而文档结构由各个组成部分的顺序和总体安排的简单性来测定。要达到这 4 个质量等级，需要的投入和资源逐级增加，质量保证机构必须处于适当的行政地位以保证达到期望的质量等级。

1.5.4 文档编制计划

文档计划可以是整个项目计划的一部分或是一个独立的文档。应该编写文档计划并把它分发给全体开发组成员，作为文档重要性的具体依据和管理部门文档工作责任的备忘录。

对于小的、非正式的项目，文档计划可能只有一页纸；对于较大的项目，文档计划可能是一个综合性的正式文档，这样的文档计划应遵循各项严格的标准及正规的评审和批准过程。

编制计划的工作应及早开始，对计划的评审应贯穿项目的全过程。如同任何别的计划一样，文档计划指出未来的各项活动，当需要修改时必须加以修改。导致对计划做适当修改的常规评审应作为该项目工作的一部分，所有与该计划有关的人员都应得到文档计划。

文档计划一般包括以下几方面内容：

(a) 列出应编制文档的目录。

(b) 提示编制文档应参考的标准。

(c) 指定文档管理员。

(d) 提供编制文档所需要的条件，落实文档编写人员、所需经费及编制工具等。

(e) 明确保证文档质量的方法，为了确保文档内容的正确性、合理性，应采取一定的措施，如评审、鉴定等。

(f) 绘制进度表，以图表形式列出在软件生存期各阶段应产生的文档、编制人员、编制日期、完成日期、评审日期等。

此外，文档计划规定每个文档要达到的质量等级，以及为了达到期望的结果必须考虑哪些外部因素。

文档计划还确定该计划和文档的分发，并且明确叙述与文档工作的所有人员的职责。

▶本章小结

本章主要概括性地介绍了软件文档的意义、作用和分类等相关知识，以及软件文档必需具备的条件。还介绍了软件文档的管理。

由于篇幅所限，本章涉及的内容不是具体的理论和应用，而是在软件文档的背景知识和应用范围等方面给读者提供一个总体印象。在后面的章节中，将详细阐述软件文档的写作规范，并提供丰富的案例分析帮助读者理解相关知识的使用。

参考文献

[1] 文斌，刘长青，田原编著. 软件工程与软件文档写作. 北京：北方交通大学出版社，2005

[2] 肖刚编著. 实用软件文档写作. 北京：清华大学出版社，2005

[3] 郭庚麒，余明艳，杨丽编著. 软件工程基础教程. 北京：科学出版社，2004

[4] 莱芬韦尔等著，蒋慧译. 软件需求管理用例方法. 北京：中国电力出版社，2004

[5] Roger S. Pressman 著. 梅宏译. 软件工程：实践者的研究方法. 北京：机械工业出版社，2002

[6] 杨文龙，古天龙编著. 软件工程. 北京：电子工业出版社，2004

[7] 陈宏刚，林斌，凌霄宁，熊明华，张亚勤编著. 软件开发的科学与艺术，北京：电子工业出版社，2002

[8] 董荣胜，古天龙. 计算机科学与技术方法论. 北京：人民邮电出版社，2002

[9] *Guide the SE Body of Knowledge*. IEEE-Trial version（version 0.95），May 2001

[10] Robert C. Martin. *Agile Software Development, Principles, Patterns, and Practices*. Pearson Education Inc., 2003

第2章

软件文档的写作规范

在第 1 章介绍的软件文档的背景知识和应用范围的基础上，本章详细阐述软件文档的写作规范，主要讲述可行性研究报告、项目建议书、招投标文件、需求分析书、概要设计书、详细设计书、项目验收报告和项目总结报告的写作规范，包括国家所定义的有关标准。

2.1 项目立项阶段文档的写作规范

一个软件项目从立项到结尾共有几个阶段：立项，投标，需求分析，概要设计，详细设计，软件编码，软件测试，维护，验收。在这几个阶段中，每个阶段都有各自的文档内容及格式，但是国内目前存在以下一些现状：

1．文档极其简单，相当于没有文档。

2．文档流于形式，没有什么实际的价值。

3．太强调文档的重要性，以致文档不能改，只能改代码。

以上是一些比较极端的现象。软件项目在立项阶段需要进行市场调查和产品定位等业务分析，并且形成规范的可行性研究报告、项目建议书和投标文件，论述开发软件产品的充分理由。

2.1.1 可行性研究报告

可行性研究报告的编写目的是说明该软件开发项目的实现在技术、经济和社会条件方面的可行性；评述为了合理地达到开发目标而可能选择的各种方案；说明并论证所选定的方案。

可行性研究报告的编写内容要求如下所述。

1．引言

1.1 编写目的

说明编写本可行性研究报告的目的，指出预期的读者。

1.2 背景

说明：

a. 所建议开发的软件系统的名称。

b. 本项目的任务提出者、开发者、用户及实现该软件的计算中心或计算机网络。

　　c. 该软件系统同其他系统或其他机构的基本的相互来往关系。

1.3　定义

列出本文件中用到的专门术语的定义和外文首字母组词的原词组。

1.4　参考资料

列出可以使用的参考资料，如：

a. 本项目经核准的计划任务书或合同、上级机关的批文。

b. 属于本项目的其他已发表的文件。

c. 本文件中各处引用的文件、资料，包括所需用到的软件开发标准。

列出这些文件资料的标题、文件编号、发表日期和出版单位，说明能够得到这些文件资料的来源。

2.　可行性研究的前提

说明对所建议的开发项目进行可行性研究的前提，如要求、目标、假定、限制等。

2.1　要求

说明对所建议开发的软件的基本要求，如：

a. 功能。

b. 性能。

c. 输出如报告、文件或数据，对每项输出要说明其特征，如用途、产生频度、接口及分发对象。

d. 输入说明系统的输入，包括数据的来源、类型、数量、数据的组织及提供的频度。

e. 处理流程和数据流程，用图表的方式表示出最基本的数据流程和处理流程，并辅之以叙述。

f. 安全与保密方面的要求。

g. 同本系统相连接的其他系统。

h. 完成期限。

2.2　目标

说明所建议系统的主要开发目标，如：

a. 人力与设备费用的减少。

b. 处理速度的提高。

c. 控制精度或生产能力的提高。

d. 管理信息服务的改进。

e. 自动决策系统的改进。

f. 人员利用率的改进。

2.3　条件、假定和限制

说明对这项开发中给出的条件、假定和所受到的限制，如：

a. 所建议系统的运行寿命的最小值。

b. 进行系统方案选择比较的时间。

c. 经费、投资方面的来源和限制。

d. 法律和政策方面的限制。

e. 硬件、软件、运行环境和开发环境方面的条件和限制。

f. 可利用的信息和资源。

g. 系统投入使用的最晚时间。

2.4　进行可行性研究的方法

说明这项可行性研究将是如何进行的，所建议的系统将是如何评价的。摘要说明所使用的基本方法和策略，如调查、加权、确定模型、建立基准点或仿真等。

2.5　评价尺度

说明对系统进行评价时所使用的主要尺度，如费用的多少、各项功能的优先次序、开发时间的长短及使用中的难易程度。

3. 对现有系统的分析

这里的现有系统是指当前实际使用的系统，这个系统可能是计算机系统，也可能是一个机械系统甚至是一个人工系统。分析现有系统的目的是为了进一步阐明建议中的开发新系统或修改现有系统的必要性。

3.1　处理流程和数据流程

说明现有系统的基本的处理流程和数据流程。此流程可用图表即流程图的形式表示，并加以叙述。

3.2　工作负荷

列出现有系统所承担的工作及工作量。

3.3　费用开支

列出由于运行现有系统所引起的费用开支，如人力、设备、空间、支持性服务、材料等项开支以及开支总额。

3.4　人员

列出为了现有系统的运行和维护所需要的人员的专业技术类别和数量。

3.5　设备

列出现有系统所使用的各种设备。

3.6　局限性

列出本系统的主要局限性，如处理时间赶不上需要、响应不及时、数据存储能力不足、处理功能不够等。并且要说明为什么对现有系统的改进性维护已经不能解决问题。

4. 所建议的系统

本章将用来说明所建议系统的目标和要求将如何被满足。

4.1 对所建议系统的说明

概括地说明所建议系统，并说明列出的要求将如何得到满足，说明所使用的基本方法及理论根据。

4.2 处理流程和数据流程

给出所建议系统的处理流程和数据流程。

4.3 改进之处

按2.2条中列出的目标，逐项说明所建议系统相对于现存系统具有的改进。

4.4 影响

说明在建立所建议系统时，预期将带来的影响，包括：

4.4.1 对设备的影响

说明新提出的设备要求及对现存系统中尚可使用的设备须做出的修改。

4.4.2 对软件的影响

说明为了使现存的应用软件和支持软件能够同所建议系统相适应。而需要对这些软件所进行的修改和补充。

4.4.3 对用户单位机构的影响

说明为了建立和运行所建议系统，对用户单位机构、人员的数量和技术水平等方面的全部要求。

4.4.4 对系统运行过程的影响

说明所建议系统对运行过程的影响，如：

a. 用户的操作规程。

b. 运行中心的操作规程。

c. 运行中心与用户之间的关系。

d. 源数据的处理。

e. 数据进入系统的过程。

f. 对数据保存的要求，对数据存储、恢复的处理。

g. 输出报告的处理过程、存储媒体和调度方法。

h. 系统失效的后果及恢复的处理办法。

4.4.5 对开发的影响

说明对开发的影响，如：

a. 为了支持所建议系统的开发，用户需进行的工作。

b. 为了建立一个数据库所要求的数据资源。

c. 为了开发和测验所建议系统而需要的计算机资源。

d. 所涉及的保密与安全问题。

4.4.6 对地点和设施的影响

说明对建筑物改造的要求及对环境设施的要求。

4.4.7　对经费开支的影响

扼要说明为了所建议系统的开发，设计和维持运行而需要的各项经费开支。

4.5　局限性

说明所建议系统尚存在的局限性以及这些问题未能消除的原因。

4.6　技术条件方面的可行性

本节应说明技术条件方面的可行性，如：

a. 在当前的限制条件下，该系统的功能目标能否达到。

b. 利用现有的技术，该系统的功能能否实现。

c. 对开发人员的数量和质量的要求并说明这些要求能否满足。

d. 在规定的期限内，本系统的开发能否完成。

5. 可选择的其他系统方案

扼要说明曾考虑过的每种可选择的系统方案，包括需开发的和可从国内国外直接购买的，如果没有供选择的系统方案可考虑，则说明这一点。

5.1　可选择的系统方案 1

说明可选择的系统方案 1，并说明它未被选中的理由。

5.2　可选择的系统方案 2

按类似 5.1 条的方式说明第 2 个乃至第 n 个可选择的系统方案。

……

6. 投资及效益分析

6.1　支出

对于所选择的方案，说明所需的费用。如果已有一个现存系统，则包括该系统继续运行期间所需的费用。

6.1.1　基本建设投资

包括采购、开发和安装下列各项所需的费用，如：

a. 房屋和设施。

b. 数据通信设备。

c. 环境保护设备。

d. 安全与保密设备。

e. 操作系统和应用软件。

f. 数据库管理软件。

6.1.2　其他一次性支出

包括下列各项所需的费用，如：

a. 研究(需求的研究和设计的研究)。

b. 开发计划与测量基准的研究。

c. 数据库的建立。

d. 软件的转换。

e. 检查费用和技术管理性费用。

f. 培训费、旅差费以及开发安装人员所需要的一次性支出。

6.1.3　非一次性支出

列出在该系统生命期内按月或按季或按年支出的用于运行和维护的费用,包括:

a. 设备的租金和维护费用。

b. 软件的租金和维护费用。

c. 数据通信方面的租金和维护费用。

d. 人员的工资、奖金。

e. 房屋、空间的使用开支。

f. 公用设施方面的开支。

g. 保密安全方面的开支。

h. 其他经常性的支出等。

6.2　收益

对于所选择的方案,说明能够带来的收益,这里所说的收益,表现为开支费用的减少或避免、差错的减少、灵活性的增加、动作速度的提高和管理计划方面的改进等,包括如下内容。

6.2.1　一次性收益

说明能够用人民币数目表示的一次性收益,可按数据处理、用户、管理和支持等项分类叙述,如:

a. 开支的缩减包括改进了的系统的运行所引起的开支缩减,如资源要求的减少,运行效率的改进,数据进入、存储和恢复技术的改进,系统性能的可监控,软件的转换和优化,数据压缩技术的采用,处理的集中化/分布化等。

b. 价值的增升包括由于一个应用系统的使用价值的增升所引起的收益,如资源利用的改进,管理和运行效率的改进以及出错率的减少等。

c. 其他如从多余设备出售回收的收入等。

6.2.2　非一次性收益

说明在整个系统生命期内由于运行所建议系统而导致的按月的、按年的能用人民币数目表示的收益,包括开支的减少和避免。

6.2.3　不可定量的收益

逐项列出无法直接用人民币表示的收益,如服务的改进,由操作失误引起的风险的减少,信息掌握情况的改进,组织机构给外界形象的改善等。有些不可捉摸的收益只能大概估计或进行极值估计(按最好和最差情况估计)。

6.3 收益/投资比

求出整个系统生命期的收益/投资比值。

6.4 投资回收周期

求出收益的累计数开始超过支出的累计数的时间。

6.5 敏感性分析

所谓敏感性分析是指一些关键性因素如系统生命期长度、系统的工作负荷量、工作负荷的类型与这些不同类型之间的合理搭配、处理速度要求、设备和软件的配置等变化时，对开支和收益的影响最灵敏的范围的估计。在敏感性分析的基础上做出的选择当然会比单一选择的结果要好一些。

7. 社会因素方面的可行性

本章用来说明对社会因素方面的可行性分析的结果，包括：

7.1 法律方面的可行性

法律方面的可行性问题很多，如合同责任、侵犯专利权、侵犯版权等方面的陷阱，软件人员通常是不熟悉的，有可能陷入，务必要注意研究。

7.2 使用方面的可行性

例如从用户单位的行政管理、工作制度等方面来看，是否能够使用该软件系统；从用户单位的工作人员的素质来看，是否能满足使用该软件系统的要求等，都是要考虑的。

8. 结论

在进行可行性研究报告的编制时，必须有一个研究的结论。结论可以是：

a. 可以立即开始进行。

b. 需要推迟到某些条件(如资金、人力、设备等)落实之后才能开始进行。

c. 需要对开发目标进行某些修改之后才能开始进行。

d. 不能进行或不必进行(如因技术不成熟、经济上不合算等)。

2.1.2　项目建议书

项目建议书一般是由主策划或者项目经理负责编写的。进行可行性分析是一个自我否定的过程，而写项目建议书是一个向别人阐述自己观点的过程。而且项目建议书一般情况下是要去说服你的上司或者投资人来做这个项目，所以一定要非常完善，把所有可能的利弊都分析到。了解一个项目是如何才能达到立项标准，会加深对策划的进一步认识，避免把精力投入到不能成为项目的狂想中去。一份合理的项目建议书会让上司或者投资人更清楚你的设计思想是否完善，要努力说明这个项目的亮点和创新的地方来打动他们。这也是自己整理思路并说服自己继续做下去的一个书面文件，它会贯穿整个开发过程成为一个纲领性文件，是整个项目开发的大方向。在项目建议书被批准后，项目也就正式立项。

项目建议书一般包括如下几个部分。

(1) 当前市场情况分析：这个部分是给上司或者投资人看的。项目必须适应市场需要，闭门造车的策略是不可行的。必要情况下要先对市场进行调查和分析，利用第一手信息对客户意见进行捕捉，把这些信息合理地加入到建议书中才可以增强说服力。

(2) 项目的概要介绍：这是一个向上级描述项目内容的最好方法。平时的报告太长，谁都不会有兴趣认真看下去的。而项目建议书决定着这个项目能否进行下去，所以这是一个让上司了解你的想法的最好机会。这里的介绍不能太长，要把你所有的精华部分都罗列在上面，吸引住了上司，立项就确定了一半。对项目策划来讲，如何用最简洁的语言把整个项目的精华表述出来至关重要。项目的主体就是在这时确定的，一旦该项目被批准，那么以后的项目设计都要围绕着它来开展。因此，这时项目中的亮点和主要特征都要认真地进行讨论分析，利用好手中的信息展开讨论，并结合其他项目的优缺点分析自己设计中要突出的地方才可能抓住投资人的心。牢记一点："只有能够带来最大化利润的项目创意才能吸引住投资者的心！"

(3) 项目的赢利模式：这部分要对整个开发的成本以及回报进行估算。要分析需要多少人工、设备费用及管理费用等，然后就要估算按照什么样的定价卖出多少套软件才能回收成本，是否有其他的赢利模式等。

(4) 项目的整体框架：这个部分对项目来说是至关重要的。项目要如何划分模块，用什么方式开发，以及模块之间的关系都要确定下来。对于一个大型的软件项目，如果不进行模块划分和良好的整体设计，在实际的开发过程中会陷入无限的混乱中，人员也会很难控制。按照体系进行划分是一个比较有效的划分方法，任何项目都是可以根据自身要求进行模块划分，下面给出一个大体的划分模式，后面会有详细的介绍。

(5) 项目开发进度：开发进度是要求产品经理或项目经理根据现有的条件来确定的。对你的上司来说，他最看重的也是这个部分。因为开发周期的长短会直接影响到项目开发的成本，而且何时能够完工也决定着上市能否赶上最好的销售期，所以开发进度很多时候能够直接决定着这个项目是否会被上司否决。

(6) 开发人员列表及职责：最后一项，就是对人员进行分工。已经到位了的，直接进行工作安排；还没有到位或者需要招聘的，向人事部门发送申请。报告中要对人力情况进行估算，以及各项费用的评估。费用的评估是需要有丰富经验的市场和管理人员才可以计算的。

在完成了上述各项工作的之后，如果你的预算和公司的计划相符，那么恭喜你，你可以开始下一步的安排了。否则，就只有等机会或者重写你的报告，但这种情况往往是没有结果的。项目建议书并没有一个固定的格式，你的目的就是通过它来说服你的上司。但是这又是不可或缺的一个必要条件，项目建议书分析得越透彻，这个项目可能获得的支持也就越多，最终成功的机会也就越大。

2.1.3 招投标文件

国内的软件项目招投标文件的写作规则并不存在行业标准。许多大型企业的信息化主管在他们的工作中，总是相互传递着一种或多种招标文件的写作规则，而没有多少人关心规则的出处。主管们总是认为，有规则总比没有好，只要能够用，能够把问题说清楚就可以。这里给出一个招投标文件写作规则的参考规范。

招投标文件写作规范

1 招标

　1.1 总则

　本次招标方式为：邀请招标

　　1.1.1 适用范围

　　本招标文件条款仅适用于本招标邀请书中所述的信息系统建设项目。

　　1.1.2 招标项目要求

　　此次招标项目为一次性买断在招标单位的使用权，在招标单位范围内可自由安装使用，不受安装点数的限制。

　　投标方应是在中华人民共和国境内注册的国内的独立法人。

　　投标方必须是所提供软件系统的软件制造商或拥有授权书的合作伙伴。

　　报价应为人民币含税价。

　　投标方在投标时，必须提供系统整体解决方案，并按照投标文件中的规则提供详尽内容。

　　投标方必须提供五份投标书，一份为正本，四份为副本，并加盖印章。

　　投标方必须具有相应的售后服务能力，提供良好的软件维护和技术培训服务。公司注册地不在本地区的，必须注明其对上述地区的售后服务机构的地址、人员组成及其与投标方的关系。

　　投标方必须由法人代表或委托代理人参加评标，并解答评标小组提出的问题。法人代表委托代理人参加评标或签订合同时，必须出具法人代表的授权委托书。

　　投标方中标后履约过程中，须遵守有关法律，如实提供检查所必须的材料。

　　投标人应对招标单位所在行业的业务运作有一定的了解，并有三个以上同类大型信息系统项目的成功案例。

　1.2 项目招标简介

　　1.2.1 招标单位介绍

　　1.2.2 招标企业资信状况

　　　　1.6.4　数据库系统要求

　　　　1.6.5　接口开放要求

　　　　1.6.6　安全体系

　　　　1.6.7　客户化工具与能力

　　　　1.6.8　需要支持的技术规范

2　投标文件

　　2.1　投标人商务文件构成

　　　　授权委托书

　　　　投标报价书

　　　　开标一览表

　　　　投标保证金

　　　　投标人基本情况表

　　　　近期完成的类似项目情况表

　　　　正在开发的和新承接的项目情况表

　　　　拟投入本合同工作的主要人员情况表

　　　　响应招标文件商务条款表

　　　　商务特殊承诺表

　　　　项目建议书

　　2.2　投标文件要求

　　　　2.2.1　投标文件的语言及计量单位

　　　　　　投标人提交的投标文件以及投标人与招标人双方就有关投标事宜的所有
　　　　　来往函电均应使用中文书写（专有名词须加注中文解释），并采用通用的
　　　　　图形符号。如果投标单位提供的文件资料已用其他语言书写，投标单位
　　　　　应将其译成中文，如有差异，以中文为准。

　　　　　　除技术规格中另有规定外，投标文件中使用的所有计量单位均应采用中华
　　　　　人民共和国现行法定计量单位。

　　　　2.2.2　投标货币

　　　　2.2.3　投标人资质文件

　　　　　　投标人应提交证明其有资格参加投标和中标后有履行协议的能力的文件（包
　　　　　含投标人企业注册背景资料），并作为投标文件的一部分。

　　　　　　投标人提交的资质证明文件应具有一定效力。

　　　　　　投标人应具有履行合同协议所必须的物流、技术和生产能力。

　　　　　　提供至少一个类似项目的简介及联系人。

　　　　　　投标人应填写并提交招标文件所附的各项资格证明文件。

投标人应提供营业执照(副本)复印件。

投标方提供参与本项目的系统设计、开发、实施等部门工程师名单及资格证明文件。

2.2.4　投标文件的密封与标志

投标文件均须投标单位正式授权代表签署，其中投标书必须由投标单位法定代表人签署。投标文件同时须加盖投标单位公章。

投标单位应将投标文件的一个正本、四个副本、电子文档分别包装且加以密封，且在内层包封的显著位置上标明"投标文件正本"、"投标文件副本"、"投标文件电子版本"。之后对投标文件再进行包装与密封。三者如有不同，以正本为准。

投标文件密封口须加盖投标单位公章及法定代表人或其授权代表签字，封皮上注明"××公司××信息系统项目投标文件"，并写明投标单位名称、地址、联系方式。

如果投标单位在投标截止期前要求修改投标文件，应当整体替代原投标文件，并在新投标文件的封皮上注明"第几次修改"和修改日期。

2.2.5　递交投标文件的截止日期

投标单位必须在投标邀请书规定的投标截止日期之前，将投标文件专人送达投标邀请书中规定的地点。

2.2.6　投标有效期

投标有效期为自投标截止期起 60 日。

当招标单位因特殊情况须延长投标有效期时，应在原有效期满 7 天前书面或电传通知投标单位。

2.2.7　投标文件的修改和撤回

投标文件不得有涂改、增删处，修改错误时，修改处须由投标单位法定代表人或其授权代表签名确认，并加盖单位公章。

在投标截止期前，投标单位可以对已经向招标单位的投标文件进行修正。

投标文件的修正采用整体替代的方式。原投标文件不退回。

修正的投标文件的内容和密封要求与原投标文件要求一致，但必须在封皮上注明"第几次修改"和修改日期。开标时及开标以后，均以最后一次修改的投标文件为准。

投标单位可以在递交投标文件之后，在规定的投标截止日期之前，以书面的形式向招标单位递交撤回投标文件通知。

撤回投标文件通知应当按照对投标文件和规定进行密封，并在封皮上注明"撤回投标文件通知"。

在投标截止期之后，不能修改、修正、撤回投标文件。

2.2.8 投标保证金

投标单位在递交投标文件的同时应提交投标保证金，金额为××万元人民币，未提交投标保证金的投标文件一概拒收。

投标保证金以支票或汇票的形式提交。

投标单位在投标有效期内撤标，或在招标单位发出中标通知书后中标单位拒绝按招标文件的规定签订合同书、修改投标总金额、不能承担招标文件规定的全部义务，其投标保证金将归招标单位所有。

对于其他投标单位，将在招标单位与中标单位签订合同书 30 天内退还其投标保证金。

退回的投标保证金一律不计利息。

2.3 项目建议书的写作要求

2.3.1 企业需求理解

2.3.1.1 系统建设目标

2.3.1.2 管理需求

2.3.1.3 管理难题

2.3.1.4 管理流程、规则、算法

2.3.1.5 管理功能

2.3.2 投标方软件(或项目)所能够实现的管理体系

2.3.2.1 软件产品(或项目)的设计目标

2.3.2.2 所支持的流程、功能、算法

2.3.3 企业需求与软件差异分析

2.3.3.1 管理模型构造差异(软件对组织和核算体系的支持)

2.3.3.2 流程的差异分析

2.3.3.3 功能的差异分析

2.3.3.4 规则的差异分析

2.3.3.5 覆盖地域、处理效率差异分析

2.3.4 客户化复杂度评估

2.3.4.1 客户化范围与深度

2.3.4.2 客户化计划与周期

2.3.4.3 客户化项目管理方法与人员

2.3.4.4 客户化地点

2.3.4.5 客户化测试、验收与交付

2.3.5 技术路线符合程度评估

2.3.5.1 体系结构(C/S，B/S)

2.3.5.2 开发与运行环境

2.3.5.3 服务器、主机、网络

2.3.5.4 电子商务支持程度

2.3.5.5 接口开放程度

2.3.5.6 安全体系

2.3.6 咨询与实施满足度

2.3.6.1 组织与人员

2.3.6.1.1 个人能力考察方法建议

2.3.6.1.2 组织能力考察方法建议

2.3.6.1.3 方法论的掌握能力

2.3.6.1.4 投标方项目管理组织建设思维

2.3.6.2 咨询与实施方法论

2.3.6.2.1 咨询方法流程与结构

2.3.6.2.2 咨询调查与分析方法

2.3.6.2.3 咨询评估方法

2.3.6.2.4 咨询与改进方法

2.3.6.2.5 方法论工具

2.3.6.2.6 方法论文档考察方法建议

2.3.7 培训

2.3.7.1 培训教材完备程度考察

2.3.7.2 培训教材写作规则考察

2.3.7.3 培训教师能力考察

2.3.8 案例考察建议

2.3.8.1 案例考察内容、计划与安排

2.3.8.2 所考察案例的企业规模

2.3.8.3 所考察案例的内容

2.3.9 服务

2.3.9.1 能够提供的标准免费服务

2.3.9.2 能够提供的特殊服务

2.3.9.3 能够提供的有偿服务、价格和支付方式

2.3.9.4 响应距离

2.3.9.5 响应时间

2.3.10 价格

以上的内容试图告诉读者一种新型标书的写作方法，而不是一份完整标书。

2.2　需求分析书的写作规范

需求分析是对用户需求全面理解、深入挖掘的过程，其内容主要围绕"需求"二字展开，了解客户为什么要开发该软件系统、希望该软件系统能实现何种功能、希望用什么技术来开发该系统，该系统未来将要实施的环境、甚至是客户希望何时完成该软件系统的开发等，这一系列的问题都应该成为需求分析阶段要讨论的主题。

将需求分析阶段获得的用户的所有需求用文字记录下来，并按照一定的格式规范撰写，就形成了需求分析书。需求分析书是系统功能的界定书，是系统性能要求的量化规定，是开发双方责任与义务的合同书。

标准化无论是对传统的有形产品的生产厂家而言，还是对生产软件这样的无形产品的厂家而言，都具有重要的作用。如果屋子的灯坏了，只要选择和原灯泡具有相同插口的灯泡就可以，不需要考虑它是哪个厂家生产的，因为即使是不同厂家生产的灯泡，他们都遵循统一的标准，正因为遵循了标准才使得产品之间具有互换性。同样，对于软件产品的文档，如果人们都遵循同样的书写规范，不仅利于客户对需求分析书的阅读与理解，也有利于软件开发公司对以前开发过的软件间的比较和分析，为改善软件开发过程提供历史数据，提高未来软件的开发效率。

2.2.1　需求分析书的编制目标

需求分析的基本任务是要准确地定义新系统的目标，为了满足用户需求，回答系统必须"做什么"的问题。获得需求规格说明书。

为了更加准确地描述需求分析的任务，Boehm 给出软件需求的定义：研究一种无二义性的表达工具，它能为用户和软件人员双方都接受，并能够把"需求"严格地、形式地表达出来。

对于大中型的软件系统，很难直接对它进行分析设计，人们经常借助模型来分析设计系统。模型是现实世界的某些事物的一种抽象表示，抽象的含义是抽取事物的本质特性，忽略事物的其他次要因素。因此，模型既反映事物的原型，又不等于该原型。模型是理解、分析、开发或改造事物原型的一种常用手段。例如，建造大楼前常先做大楼的模型，以便在大楼动工前就能使人们对未来的大楼有一个十分清晰的感性认识，显然，大楼模型还可以用来改进大楼的设计方案。

由于需求分析方法不同，描述形式也不同。需求分析一般的实现步骤如下所述。

(1) 获得当前系统的物理模型

物理模型是对当前系统的真实写照，可能是一个由人工操作的过程，也可能是一个已有的但需要改进的计算机系统。首先是要对现行系统进行分析和理解，了解它的组织情况、数据流向、输入输出、资源利用情况等，在分析的基础上画出它的物理模型。

(2) 抽象出当前系统的逻辑模型

逻辑模型是在物理模型的基础上，去掉一些次要的因素，建立起反映系统本质的逻辑模型。

(3) 建立目标系统的逻辑模型

分析目标系统与当前系统在逻辑上的区别，建立符合用户需求的目标系统的逻辑模型。

(4) 补充目标系统的逻辑模型

对目标系统进行补充完善，将一些次要的因素补充进去，如出错处理。

根据上述分析得知，需求分析的具体任务如下所述。

(1) 确定系统的综合要求

确定系统功能要求是最主要的需求，确定系统必须完成的所有功能。确定系统性能要求应就具体系统而定，例如可靠性、联机系统的响应时间、存储容量、安全性能等。确定系统运行要求主要是对系统运行时的环境要求，如系统软件、数据库管理系统、外存和数据通信接口等。要对将来可能提出的扩充及修改做好准备。

(2) 分析系统的数据要求

软件系统本质上是信息处理系统，因此，必须考虑数据（需要哪些数据、数据间联系、数据性质、结构)和数据处理（处理的类型、处理的逻辑功能)。

(3) 导出系统的逻辑模型

通常系统的逻辑模型用 DFD 图来描述。

(4) 修正系统的开发计划

通过需求对系统的成本及进度有了更精确的估算，可进一步修改开发计划。

软件驱动着计算机硬件帮助人们完成一个又一个功能，软件没有思想不会思考却能很好地执行人类下达的命令。所以，软件能够做到的事完全在人类的计划之中，是人类希望借助软件完成功能。于是，一个软件系统最终能给用户提供什么功能，是由软件的开发商决定的。由于将要开发的软件能提供的所有功能被记录在需求分析书中，所以需求分析书的编制目标可以总结为以下 3 点。

1．限定软件的功能需求

随着软件用途的扩大，现今人们开发出来的无论是通用软件还是特定领域的专业软件，其功能越来越强大，一般不存在只完成一个简单功能的小软件。这些简单而单一的功能往往由模块或者组件来实现，再将这些实现各种功能的模块或组件集成在一个系统中，团结协作共同完成人们希望实现的功能。软件应该具备什么样的功能，会根据各软件开发的目的不同而有所不同，所以首先应该明确的就是客户为什么要开发该系统，紧接着要确定客户为了达到这些目的希望计算机软件做什么。希望软件做的事就成为了客户的需求，客户的所有需求都应该被明确的记录，不能因为有些功能过于简单或者认为某些需求是理所当然的就不被记入需求说明书中。建房屋需要规划用地，做软件也需要明确功能边界。

2．明确开发目标

一个人在一大片空地上想走出一条直线是相当困难的，但是如果空地上有棵树，以该树为目标径直走过去的话，也许中途会走歪，但是从整体来看路是直的。在软件开发的整个过程中，如果经常把需求作为目标进行比较，那么到项目最后结束时就会发现，做出来的软件并没有太多地偏离原始要求。开发的过程中也不会因为目标不明确而任意发挥，而盲目乱做会导致开发过程受阻或者不断返工。

3．提供系统评价标准

软件工程中有一句很经典的话："是否做了客户希望你做的事，是否用正确的方法做了客户希望你做的事"，需求分析书恰恰是检验"是否做了客户希望你做的事"最好的方法，系统交付给客户时，拿出之前落到纸上的需求分析书，对照其中的每点要求逐条验收，这样就可以检查该系统是否是客户最初设想的系统。

2.2.2 需求分析书的基本要求

需求分析书的基本要求主要有以下 3 个方面。

1．内容

内容决定文章的深度，是思想结晶的灵魂，适用于文学创作的原则在软件文档的编写方面同样适用。所以我们一定要正确把握需求分析书的内容，以客户的视角去评审需求阶段的文档，不在需求分析书中加入具体设计细节的描述。同时需求分析书的内容应该是完整的，至于需求分析书要包含哪些内容，可以参考国家已经制定的文档规范（GB8567—88），同时也可以按照本公司例行的内部文档标准。其原则应该是，包含客户关心的关于软件的所有问题，涵盖软件开发概要设计阶段所关注的问题点。

2．文字

需求分析书的读者是客户和概要设计的参与者。为了让客户能读懂，需求分析书必须用自然语言来编写，力求将计算机领域的问题用浅显易懂的文字描述出来；另一方面，由于需求分析书还必须兼顾开发阶段的专业领域的读者，需求分析书又必须是严谨的，自然语言在严谨性上不具备优势，所以需求分析书在容易产生歧义性的地方应该使用专业术语，配合适当的图例，达到既照顾到软件开发人员又兼顾客户的目的。

3．布局

科技学术类的文档不像小说，不需要跌宕起伏的情节和周密的布局和引人入胜的文字来吸引读者。科技文档的目的就是把问题说明白，不要悬念、不要倒叙、不要埋伏笔，如何直截了当地进入正题，如何把问题一步一步由浅入深、全方位地阐明才是科技文档的责任。所以，撰写需求分析书不需要花哨的装饰，只要实实在在有用的内容和简单易懂的布局。

2.2.3　需求分析书的适用范围

软件项目一旦被确定要实施之后，撇开项目的立项投标不谈，就进入了软件项目开发实施的第一个阶段——需求分析。

在需求分析阶段，软件系统分析师等高层软件工作者将与客户一起探讨将要开发的软件需要具备的功能、性能等方面的需求。系统分析师们将这些需求用文字的形式记录下来，按照一定的书写规范形成需求分析书，提供给客户审核，客户提出修改意见，系统分析师修改需求分析书，然后再审核再修改，如此反复多次最终定稿。由此可见，需求分析书是需求分析阶段的最终产物，它在需求分析阶段孕育生成，在未来的概要设计阶段发挥至关重要的作用，限定了软件项目的功能范围和性能要求。

从使用者的角度来看，系统分析师是它的创作者，客户是它的读者，概要设计阶段的软件设计者是它的使用者。

2.2.4　需求分析书的编写

按照国家《软件需求说明书 GB8567—88》所定义的标准，软件需求分析书的内容如下：

1 引言

　　1.1 编写目的

　　1.2 背景

以上就是国家制定的需求分析书的标准格式。标准格式为人们提供的是一种向导，第一次写需求分析书不知道需要包含什么内容时，可以以标准格式作为我们开始工作的导航。对于软件开发这样具有创造性的工作，标准在提供导航作用的同时，可以被创作人自由地剪裁与编辑。需求分析书虽然是由软件开发人员编写的，但最终的读者却不是软件开发人员，而是委托开发的客户，这些客户大多是熟悉公司业务流程的高层，他们是自己工作领域中的专家，但是对软件却知之甚少。正因为这样，需求分析书可以而且必须在满足标准的前提下，结合客户的实际情况，与客户充分交流积极探讨，力争写出让客户易于理解又无歧义的需求分析书。

2.3 概要设计书的写作规范

《概要设计说明书》又称为《系统设计说明书》，编制的目的是说明对软件系统的设计考虑，包括软件系统的基本处理流程、组织结构、模块划分、功能分配、接口设计、 运行设计、数据结构设计和出错处理设计等，为程序的详细设计提供基础。

2.3.1　概要设计书的编制目标

在软件需求分析阶段，已经搞清楚了软件"做什么"的问题，并把这些需求通过规格说明书描述了出来，这也是目标系统的逻辑模型。进入了设计阶段，要把软件"做什么"的逻辑模型变换为"怎么做"的物理模型，即着手实现软件的需求，并将设计的结果反映在"设计规格说明书"文档中，所以软件设计是一个把软件需求转换为软件表示的过程，最初这种表示只是描述了软件的总的体系结构，称为软件概要设计或结构设计。

概要设计的基本任务如下。

(1) 设计软件系统结构(简称软件结构)

为了实现目标系统，最终必须设计出组成这个系统的所有程序和数据库(文件)，对于程序，则首先进行结构设计，具体为：

(a) 采用某种设计方法，将一个复杂的系统按功能划分成模块。

(b) 确定每个模块的功能。

(c) 确定模块之间的调用关系。

(d) 确定模块之间的接口，即模块之间传递的信息。

(e) 评价模块结构的质量。

根据以上内容，软件结构的设计是以模块为基础的，在需求分析阶段，已经把系统分成层次结构。设计阶段，以需求分析的结果为依据，从实现的角度进一步划分为模块，并组成模块的层次结构。软件结构的设计是概要设计关键的一步，直接影响到下一阶段详细设计与编码的工作，软件系统的质量及一些整体特性都在软件结构的设计中决定。

(2) 数据结构及数据库设计

对于大型数据处理的软件系统，除了控制结构的模块设计外，数据结构与数据库设计也是很重要的。

(a) 数据结构的设计

逐步细化的方法也适用于数据结构的设计。在需求分析阶段，已通过数据字典对数据的组成、操作约束、数据之间的关系等方面进行了描述，确定了数据的结构特性，在概要设计阶段要加以细化，详细设计阶段则规定具体的实现细节。在概要设计阶段，宜使用抽象的数据类型。

(b) 数据库的设计

数据库的设计指数据存储文件的设计，主要进行以下几方面设计。

① 概念设计。在数据分析的基础上，采用自底向上的方法从用户角度进行视图设计，一般用 E-R 模型来表示数据模型，这是一个概念模型。

② 逻辑设计。E-R 模型或 IDEFlx 模型是独立于数据库管理系统(DBMS)的，要结合具体的 DBMS 特征来建立数据库的逻辑结构，对于关系型的 DBMS 来说将概念结构

转换为数据模式、子模式并进行规范，要给出数据结构的定义，即定义所含的数据项、类型、长度及它们之间的层次或相互关系的表格等。

③ 物理设计。对于不同的DBMS，物理环境不同，提供的存储结构与存取方法各不相同。物理设计就是设计数据模式的一些物理细节，如数据项存储要求、存取方式、索引的建立。

(3) 编写概要设计文档

文档主要有：

(a) 概要设计说明书。

(b) 数据库设计说明书，主要给出所使用的 DBMS 简介、数据库的概念模型、逻辑设计、结果。

(c) 用户手册，对需求分析阶段编写的用户手册进行补充。

(d) 修订测试计划，对测试策略、方法、步骤提出明确要求。

(4) 评审

对设计部分是否完整地实现了需求中规定的功能、性能等要求，设计方案的可行性，关键的处理及内外部接口定义正确性、有效性，各部分之间的一致性等都一一进行评审。

概要设计是软件开发中承上启下的一个重要环节，它决定了软件开发的方向和过程。因为软件开发是个复杂过程，需要考虑方方面面的内容，如果没有一个纲领性的文档来组织管理，那么软件开发必然是一团糟。因此，概要设计书挑起了这个重任。

写出来的概要设计书应达到以下 4 个目标。

1. 确定开发方案

如果让十个人拿着需求分析书直接进行软件开发，最后的结果很可能是开发出十个风格迥异但功能相同的系统。这些系统虽然功能相同，但是实现方法各有千秋，通过互相比较即可知道孰优孰劣。但是对于软件的开发来说，我们不可能同时开发出十个软件然后让客户择一而用，这是时间和金钱的浪费。所以必须在软件开发的概要设计阶段，深入调查、全盘考虑和细致比较之后确定开发方案。

2. 刻画软件的全貌

既然概要设计是在宏观层面对软件进行设计，决定系统的体系结构、系统模块的划分和采用的技术路线，并指出实现该系统的关键技术难点等，所以在概要设计书中，要着重记录软件的运行环境、功能模块划分和相互关系，而不涉及功能的实现细节。

3. 实现客户到软件开发者的转移

在软件系统的开发前期，一般只有少数几个资深的系统分析师与客户接触，了解需求，形成需求分析文档之后回到软件公司接着做概要设计。概要设计以及其后的阶段都是由软件从业人员着手进行，这些软件从业人员具有相同的领域知识，相互之间用专业术语来分析说明问题有时候会比用自然语言更容易表达和理解，并且不容易产生歧义。概要设计书担当起了客户与软件从业人员之间的桥梁作用，把客户用自然语言描述的需求转化为软件从业人员容易理解的系统功能说明书。

4．为详细设计阶段提供可加工的素材

所有的详细设计都是基于概要设计中划分出的模块、组件，并且要遵守概要设计中的各项原则。所以，概要设计是详细设计的素材、依据、标准，是开展详细设计工作的起点。

2.3.2　概要设计书的基本要求

我们可以从以下 4 个方面把握概要设计的基本要求。

1．宏观

概要设计书不是详细设计书，它把握系统的整体方向，起着提纲挈领的作用。在概要设计阶段不能陷入具体的实现细节，不要盲目地追求详尽而失去重点。

2．全面

概要设计书中包括软件运行的方方面面，只有在项目前期把所有可能遇到的问题、对策方法等，尽早尽多地考虑周全，避免突发事件，才能避免软件开发过程遭受不必要的阻断，尽量做到一切尽在运筹帷幄之中。

3．逻辑清晰

软件工程是科学、是工程，不需要华丽的修饰和天马行空的想象，它需要的是科学合理的设计和清晰严谨的刻画。逻辑清晰是科技文献的一大要求，也是概要设计书的要求。软件系统如何架构，系统如何划分，子系统之间复杂而烦琐的相互关系，只有靠清晰的逻辑才能让读者更快、更准确地掌握概要设计书的内容。

4．严谨

与需求说明书不同，其读者不再是对计算机领域知之甚少的门外汉，而是要接着进行详细设计的软件设计师。因此，概要设计书在文字上需要严谨而且专业，用 UML 一类的概要设计利器来帮助系统建模和分析系统，使得概要设计阶段的成果很容易地被详细设计阶段的从业人员理解。

2.3.3 概要设计书的内容

概要设计阶段已经离开客户的角度回到开发者的视角，进入软件系统的实质性开发工作。

每个软件系统都由程序和数据组成，所以数据是软件系统的基础，软件就是通过操作数据来完成人类希望的工作。对于当今大多数的系统而言，数据库成为了数据保存的仓库，于是，在概要设计阶段必须完成的工作之一就是数据库设计。明确数据如何存储，以什么结构进行存储，数据的形式一旦被决定下来，接下来的详细设计阶段才能以此为基础展开。所以概要设计书中应该包括初期的数据库设计。

需求分析阶段的最终成果——需求分析书中记录着系统的所有功能，成为概要设计阶段加工的原材料，是系统的组织结构、子系统划分的依据。一个大的系统应该尽可能地被划分为大小适中、高内聚、低耦合的若干模块，这样做的目的一方面是容易理解，另一方面是便于开发。所以应该在概要设计阶段将软件系统科学合理地分割，将分割后各部门的功能、要求等记录在概要设计书中，为下一步的详细设计做准备。

体系结构、接口设计、出错处理设计、确定开发环境等影响整个软件系统主体结构、性能等大方向的问题，必须在概要设计阶段设计完成。这些问题对于系统而言，就像树干对整棵树的支撑作用一样。

概要设计书中应该包含系统的界面，它可以只是用最简单的哪怕是Excel画出的界面，也可以是用Dreamweaver等工具开发出来的原型。这些原型界面简单明了地展现了系统的功能和风格，各子系统之间的关系也成为了未来实现界面设计的布局标准。

在概要设计阶段，我们还需要制定规范，包括代码体系、接口规则、命名规则。这是软件开发的基础，有了开发规范、接口规则、方式方法，开发者就有了共同的工作语言、共同的工作平台，使整个软件开发工作可以协调有序地进行。

2.3.4 概要设计书的编写

按照国家《概要设计说明书 GB8567—88》定义的标准，概要设计说明书的内容如下。

1. 引言
    1.1 编写目的
    1.2 背景
    1.3 定义
    1.4 参考资料
2. 总体设计
    2.1 需求规定
    2.2 运行环境
    2.3 基本设计概念和处理流程

　　　2.4　结构

　　　2.5　功能需求与程序的关系

　　　2.6　人工处理过程

　　　2.7　尚未解决的问题

　　3. 接口设计

　　　3.1　用户接口

　　　3.2　外部接口

　　　3.3　内部接口

　　4. 运行设计

　　　4.1　运行模块组合

　　　4.2　运行控制

　　　4.3　运行时间

　　5. 系统数据结构设计

　　　5.1　逻辑结构设计要点

　　　5.2　物理结构设计要点

　　　5.3　数据结构与程序的关系

　　6. 系统出错处理设计

　　　6.1　出错信息

　　　6.2　补救措施

　　　6.3　系统维护设计

　　一个系统编写一份概要设计书，概要设计书的内容可以完全按照国家规范来写，也可以参照公司以往的概要设计书自由地裁剪。注意编写概要设计书时一定要把握全局、分清楚主次，不盲目深入细节。

2.4　详细设计书的写作规范

　　有人说概要设计书是设计图，详细设计书是施工图，这一描述精确而形象地说出了概要设计书和详细设计书之间的区别。概要设计关注系统由几个模块组成，各模块之间的调用关系等大方向的问题，而详细设计关注的是每个被划分后的模块如何实现等具体问题。概要设计的设计对象是整个软件系统的协调运转，而详细设计的目标是各个模块的功能实现。

2.4.1　详细设计书的编制目标

　　软件详细设计是软件工程的重要阶段，软件详细设计细化了高层的体系结构设计，将软件结构中的主要部件划分为能独立编码、编译和测试的软件单元，并进行软件单元的设计，并最终将影响软件实现的成败。优秀的详细设计在提高编码质量、保证开发周期、节约开发成本等各方面都起着非常重要的作用，是一个软件项目成功的关键保证。

详细设计书的编制目标主要有以下 3 方面的内容。

1．设计各模块的实现方法

如果十个人看着概要设计书进行编码，对于同一个功能模块，也很可能会产生十个不同的实现方法，其中有效率高的最优算法，也有基本实现功能的可行算法。为了使我们的系统具有效率高、性能稳定、容错性强等优点，也必须在编码之前确定最优的算法，避免日后因为达不到前期确定的性能要求而返工。于是我们必须在详细设计阶段确定模块功能实现中的最优算法、预见技术难点、分析数据流等，这些问题不应该留在编码遇到时才考虑。

2．成为编码人员的指挥棒

我们心目中最理想的详细设计书是这样的，即使是一个对本系统一无所知的编程人员，按照详细设计书中包含的内容，也能很好地完成这部分的编码任务。换句话说，从详细设计书到编码的工作应仅仅是一个翻译工作，而不应存在任何的设计工作，所有设计工作应在编码之前完成。

3．成为单元测试的依据

方法是系统中最小的功能单位，单元测试的着眼点就是这些方法。在详细设计书中写着这些方法的输入参数、输出结果，测试用例就可以根据这些输入参数进行组合，考虑正常值、临界值、无效值，从而形成单元测试的测试用例。

2.4.2 详细设计书的基本要求

1．全面

如果说概要设计书的全面是针对整个软件系统的，那么详细设计书的全面就是针对整个模块的。整个系统只需要撰写一份概要设计书，但是详细设计书却必须有多份，因为我们需要为每个模块单独撰写详细设计书，即使是简单的功能模块也必须写详细设计书，哪怕是简单地描述该模块的实现，一方面是为了对付人类遗忘的天性，另一方面是为了与下一个接手这个软件系统的人进行平滑的交接。不将所有模块的详细设计都写在一个文档中，这样做可避免文档过大，而且易于查找。详细设计书中应该详尽地写下本模块的处理流程，至于模块的输入、输出、异常处理、响应速度等方方面面也要考虑周全。

所以说，全面、既是指对于该软件系统所有功能模块都要进行详细设计，又是指对于某个模块的设计要全面。

2．深入细节

详细设计书重在"详细"二字，此时就不能像概要设计书那样从高层把握该系统，而应该深入细节。为了实现本模块的功能，初期输入的数据经过本模块加工之后，要输出的数据、对初期数据如何加工、要进行什么类型的数据校验、如何访问数据库等实现细节，都必须在详细设计书中被明确记录下来。

3．严格遵守接口规则

一个系统中几乎不存在完全独立、与其他模块没有关联的孤独模块。又由于详细设计的工作量大，详细设计往往被分配给若干不同的人来共同担当。这样就使得每个人独立设计出来的模块能否平滑连接、协调工作成为问题。不同型号的螺丝螺母无法拧在一起，同样，存在前后调用关系的模块接口不同无法协同工作。概要设计阶段的接口设计就正好解决了整个模块之间的连接问题，于是，即使是独立进行详细设计的软件从业人员，必须严格遵守概要设计书中制定出来的接口规则，以期实现系统的顺利衔接。

2.4.3　详细设计书的内容

详细设计书的内容和格式会因为开发企业不同、国家不同而具备不完全相同的内容，但是从本质上来看，既然详细设计书是为编码服务，那么必定要包含编码阶段所关心的所有问题。为了能够快速了解该模块，详细设计书中应该对该功能模块进行简单的功能描述。然后开始对模块进行详细的描述，列举各种参数，介绍模块的性能、使用方法等，让读者了解该模块如何使用。接着展开模块的设计工作，将模块的实现方式一步一步地记录下来，作为编码工作的依据。

我们可以参照 2.4.4 节的内容，看看详细设计书到底应该包括哪些方面的内容。

2.4.4　详细设计书的编写

按照国家《详细设计说明书 GB8567—88》定义的标准，详细设计说明书的内容如下。

1．引言
    1.1　编写目的
    1.2　背景
    1.3　定义
    1.4　参考资料
2．程序系统的结构
3．程序 1(标识符)设计说明

3.1　程序描述

3.2　功能

3.3　性能

3.4　输入项

3.5　输出项

3.6　算法

3.7　流程逻辑

3.8　接口

3.9　存储分配

3.10　注释设计

3.11　限制条件

3.12　测试计划

3.13　尚未解决的问题

4.　程序 2(标识符)设计说明

　　看到以上的国家规范，我们不难发现，其实对于每个功能模块的详细设计书，其关注点都是相同的，都应该包含相同的部分，因为这些部分正是编码人员关心的，是编码的依据。如前所述，功能简单的模块的详细设计书可以写得简练些，一些没有的部分，比如说"尚未解决的问题"等，我们应该根据实际情况灵活的裁剪。

2.5　项目结束阶段文档的写作规范

2.5.1　项目验收报告

　　这里给出一个项目验收报告的模板。

{项目名称}验收报告

{日期}

目　录

1.　项目基本情况

2.　项目进度审核

　　2.1　项目实施进度情况

　　2.2　项目变更情况

　　2.3　项目投资结算情况

3.　项目验收计划

3.1 项目验收原则

3.2 项目验收方式

3.3 项目验收内容

4. 项目验收情况汇总

4.1 项目验收情况汇总表

4.2 项目验收附件明细

4.3 专家组验收意见

5. 项目验收结论

5.1 开发单位结论

5.2 建设单位结论

6. 附件

6.1 附件一：软件平台验收单

6.2 附件二：功能模块验收单

6.3 附件三：项目文档验收单

6.4 附件四：硬件设备验收单

1. 项目基本情况

项目名称	
项目合同甲方	
项目合同乙方	
项目合同编号	
项目开工时间	
项目竣工时间	
项目验收日期	

2. 项目进度审核

2.1 项目实施进度情况

序　号	阶段名称	起止时间	交付物列表	备　注
1				
2				
3				
4				
5				
6				

2.2 项目变更情况

  2.2.1 项目合同变更情况

     {记录合同变更情况}

  2.2.2 项目需求变更情况

     {记录需求变更情况}

2.3 项目投资结算情况

序 号	款 项	金额(万元)	备 注
1			
2			
合 计			

3. 项目验收计划

  3.1 项目验收原则

  (1) 审查提供验收的各类文档的正确性、完整性和统一性,审查文档是否齐全、合理。

  (2) 审查项目功能是否达到了合同规定的要求。

  (3) 审查项目有关服务指标是否达到了合同的要求。

  (4) 审查项目投资以及实施进度的情况。

  (5) 对项目的技术水平做出评价,并得出项目的验收结论。

  3.2 项目验收方式

  {记录项目验收的组织方式和参与验收工作的人员情况}

验收人员	所属单位	所属角色	相关职责

  3.3 项目验收内容

  (1) 硬件设备验收。

  (2) 软件平台验收。

  (3) 应用系统验收。

  (4) 项目文档验收。

(5) 项目服务响应(如售后服务、问题等相应方面)验收。

4. 项目验收情况汇总

4.1 项目验收情况汇总表

验 收 项	验 收 意 见		备 注
	通　过	不　通　过	

总体意见：

项目验收组长（签字）

未通过理由：

项目验收组长（签字）

4.2 项目验收附件明细

(1) 软件平台验收单(见附件一)。

(2) 功能模块验收单(见附件二)。

(3) 项目文档验收单(见附件三)。

(4) 硬件设备验收单(见附件四)。

4.3 专家组验收意见

项目验收组长（签字）

5. 项目验收结论

5.1 开发单位结论

开发单位(签章)

5.2 建设单位结论

建设单位(签章)

6. 附件

6.1 附件一：软件平台验收单

验收人：

验收时间：

序　号	软 件 类 型	软 件 名 称	验 收 结 果	备　注 （机器的 IP 地址等）
1				
2				
3				

6.2 附件二：功能模块验收单

验收人：

验收时间：

序 号	功 能 模 块	验 收 内 容	合 同 要 求	验 收 结 果
1				
2				
3				
4				
5				
6				
7				

6.3 附件三：项目文档验收单

验收人：

验收时间：

序 号	文 档 名 称	用 途	验 收 结 果	备 注
1				
2				
3				
4				
5				
6				

6.4 附件四：硬件设备验收单

验收人：

验收时间：

序 号	硬 件 名 称	基 本 用 途	型 号	配 置 情 况	验 收 结 果	备 注（机器的 IP 地址等）
1						
2						

2.5.2 项目总结报告

本节主要描述在软件产品或软件项目开发完成时所需编写的项目总结报告应该包含的内容，使得编写的项目总结报告便于软件产品或软件项目日后的维护、交接和代码重用。

以下部分为项目总结报告的模板。

文档编号：第×版

分册名称：第×册共×册项目名称(项目编号)总结报告(部门名称)

生效日期：

编制：

审核：

批准：

1. 引言
2. 项目开发结果
   2.1 软件产品或软件项目
   2.2 主要功能和性能
   2.3 项目规模总结
   2.4 项目人员总结
   2.5 进度及工作量总结
3. 项目评价
   3.1 生产效率评价
   3.2 技术方法评价
   3.3 产品质量评价
   3.4 出错原因分析
4. 经验和教训

1. 引言

说明实际参加人员、时间及工作划分；说明参加本项目的负责人、参加人员、起止时间及实际工作量。按项目开发的阶段划分，细划每位开发人员在各开发阶段所用开发时间及实际工作量。

负责人

起止时间

计划工作量：项目情况，阶段参加人员，工作内容，起止时间，实际工作量，需求分析，系统设计，编码测试，其他，合计，项目开发结果。

2. 项目开发结果

   2.1 软件产品或软件项目

      2.1.1 软件产品或软件项目名称

给出该软件项目或软件产品在项目任务书或开发计划评审等文件中确定的正式的项目名称和项目编号；并给出该软件项目或软件产品正式批准发布的版本标识。

2.1.2 程序量

按模块进行划分，给出该软件项目或软件产品的源程序的存储容量。源代码用代码行来表示，可执行程序及其他程序可用字节来表示，文档可用页或字节来表示。源代码要按模块来统计模块名称、代码行(千行)、字节数(KB)，源码模块1、模块2、执行程序。源码不填写字节数，执行程序只填写字节数。

2.1.3 存储介质

给出该软件项目或软件产品正式发布版本的存储介质及所需存储介质及其数量。

2.2 主要功能和性能

(1) 描述该软件项目或软件产品所实现的功能，根据需要说明该软件项目或软件产品的有关性能指标。

(2) 与最初的需求相比较、给出功能和/或性能上的差异并说明原因。

项目规模总结：根据软件开发的各阶段，总结该软件项目或软件产品完成的功能模块数量与计划的对比，给出对比图表，并对比较结果进行分析，计划模块数，完成模块数。

项目人员总结：总结该软件项目或软件产品开发各阶段人员的变化情况与计划的对比，并对比较结果进行分析。计划人数、实际人数、增加人数、减少人数、变动人数总计，变动人数为人员更换数。

进度及工作量总结：总结该软件项目或软件产品实际完成所用的时间及工作量与原计划的对比(用图表来表示)。

从开发人员的角度进行总结：将每位开发人员开发该软件项目或软件产品起止时间和工作量与计划进行比较，给出对比图表，并对比较结果进行分析。

从模块的角度进行总结：将每个模块完成的起止时间和工作量与计划进行比较，给出对比图表，并对比较结果进行分析。模块名称，模块3，模块4。

从开发阶段的角度进行总结：将每个阶段完成的起止时间和工作量与计划进行比较，给出对比图表，并对比较结果进行分析。

从工作量的角度进行总结：将开发该软件项目或软件产品所用工作量与计划进行比较，给出由于软件问题报告所增加的工作量，给出对比图表，并对比较结果进行分析。批复工作量计划增加小计。

从完成情况进行总结：将项目的总体进度和阶段进度与计划进行比较，说明此项目是正常完成、正常但增加工作量、延期但不增加工作量或既延期又增加工作量，并对比较结果进行分析。

结论

以最后一版的开发计划中的开发进度为准，批复工作量包括由于软件问题报告增加的工作量。

3. 项目评价

3.1　生产率评价

评价生产率可以有两种方法：代码行数与人月数比较或修改 BUG 数与所用人月数的比较。我们可以采用任何一种。如果采用第一种方法，应以模块为单位进行比较；如果采用第二种方法，应以各测试版本的 BUG 数、修改的 BUG 数、修改 BUG 所用的工作量及修改单位 BUG 所用的工作量进行比较、总结评价项目的开发效率及相应的原因分析。

3.2　技术方法评价

总结该软件项目或软件产品开发时所采用的各项技术。产品质量评价可参考以下几个方面进行产品质量的评价。历次测试发现的BUG数；同种原因产生的BUG数；同种类型的 BUG 数；各等级的 BUG 数；同一 BUG 出现的次数。出错原因分析分别对以上几种情况绘制图表，进行原因的分析。管理人员的管理水平，开发人员的合理分工，项目软件经理 PSM 及开发人员的技术水平，开发人员的更换，开发人员的配合及协作，用户的密切配合，需求及设计的更改，开发过程中计划的合理调整等。

▶本章小结

　　本章重点讲述了可行性研究报告、项目建议书、招投标文件、需求分析书、概要设计书、详细设计书、项目验收报告和项目总结报告的编写方法和注意事项。在编写文档之前，要明确该文档在开发中的地位和作用，明确各个文档主要表达哪些内容，才能有主有次、逻辑清晰地表达出所需的内容。切忌参照目录如同填空一样地书写。此外，所有文档都应遵守标准格式，阅读此类文档通常都是直接查找所关心的内容，标准的格式有助于读者查找和阅读。

参考文献

[1]　软件需求说明书 GB8567—88

[2]　概要设计说明书 GB8567—88

[3]　详细设计说明书 GB8567—88

[4]　胡红艳，刘咏梅. 基于项目管理的软件产品研发管理研究，企业技术开发，2006 年第 25 卷第 11 期

[5]　林锐. IT 企业自主研发产品的立项管理方法，程序员，2006 年第 3 期

[6]　刘瑞芳，谢长生，谭志虎. 基于 CMM 的软件开发过程研究，计算机应用研究，2004 年第 7 期

习题

1. 名词解释

(1) 评价尺度

(2) 工作负荷

(3) 项目的整体框架

(4) 投标人资质文件

(5) 物理模型

(6) 体系结构

(7) 功能模块

(8) 生产率评价

2. 问答题

(1) 可行性研究报告的编写目的是什么？

(2) 项目建议书一般包含哪几个部分。

(3) 需求分析的目标是什么？

(4) 概要设计的基本要求是什么？

(5) 概要设计书和详细设计书之间的区别是什么？

3. 论述题

(1) 简述概要设计书的内容。

(2) 谈谈你对详细设计书的基本要求中"全面"的理解。

第3章
软件项目立项阶段文档写作案例分析

——某市轨道交通突发事件实时应急集成指挥系统案例分析

前两章着重从理论上论述了软件文档的背景知识、应用范围和写作规范，并重点讲述了可行性研究报告、项目建议书、招投标文件、需求分析书、概要设计书、详细设计书、项目验收报告和项目总结报告的写作规范。

软件文档写作是一门实践性很强的课程，只了解其理论知识是远远不够的，也不可能写出真正实用的软件文档。因此，在前两章介绍的有关理论知识的基础上，从本章开始进入软件文档的案例分析。力求通过一边列举案例一边分析，将前两章的理论与实际相结合，给读者在软件文档写作方面一个感性的认识。对于每个子标题，首先给出本章案例的原始文档内容，然后对这一子标题文档写作进行分析。下面就进入具体的案例分析部分。

3.1 项目的目的和意义

3.1.1 项目的目的

本课题的目的是建立某市轨道交通突发事件实时应急集成指挥系统，全面提高政府、公安、消防、地铁和轻轨、医疗救护等系统对城市轨道交通突发事件的应急反应能力和处置能力，最大限度地降低突发事件的不利影响和危害。这里，突发事件包括突发大客流、火灾、爆炸、毒气、生化袭击等。

(1) 应用GIS和网络数据库技术，建立关于某市轨道交通的综合信息基础数据库，对城市轨道交通进行三维真实场景的、层次化的可视化描述，给出突发事件的地理信息的准确数据和处理的优化路径，对突发事件和应急资源等各种信息进行数据关联，为突发事件的应急响应和决策提供准确可靠的信息和依据。

(2) 通过计算机数值模拟分析和实验，分析城市轨道交通中突发事件的特点和规律，建立疏散模型和研究发生突发事件时的人员紧急疏散方案。

(3) 建立城市轨道交通突发事件的应急指挥预案数据库以及专家辅助决策系统，为提高应急处置决策的科学性和时效性，及时有效地控制突发事件的危害提供支持。

（4）充分利用 GIS/GPS 技术、信号传输技术等实现对城市轨道交通突发事件的实时监控，以及对应急处理的过程进行连续跟踪，建立相应的实时显示系统。

（5）利用网络集成技术，建立功能完备的某市轨道交通突发事件实时应急集成指挥系统，该系统把城市轨道交通与政府、公安、武警、消防、医疗救护、工程抢险、交通等系统互连，实现资源共享，为各级机构统一指挥和协调、快速处理突发事件以及组织实施应急指挥预案提供网络公共平台。

（6）开发某市轨道交通突发事件应急处理计算机仿真演练系统。以人机交互方式演练从发生突发事件到进行处置的整个过程，对有关人员进行技能培训。

3.1.2　项目的意义

随着社会经济的发展和人民生活水平的提高，公共安全越来越受到政府、社会及广大市民的关注。城市轨道交通作为城市的重要交通命脉尤其如此。目前，某市已建成地铁和轻轨约114 千米，还将投资几百亿元人民币新建137 千米地铁和轻轨。计划总共修建的地铁与轻轨的总里程预测将超过 300 千米。随着城市轨道交通运营线路和客运量的增加，出现突发事件的可能性也大大增加。突发事件的发生不仅对轨道交通系统的正常运营产生巨大的影响，更重要的是直接危害乘客的生命。突发事件带来的重大安全隐患成为轨道交通系统中极其重要的问题。到目前为止，许多国家和地区的轨道交通系统都发生过火灾、爆炸、生化袭击等突发事件，并造成人员伤亡及巨大的经济损失，对社会稳定带来了重大危害。

因此，城市轨道交通突发事件的应急处理问题受到高度重视。国家有关部门指出：要高度重视运营安全问题，树立"安全第一，预防为主"的思想，要建立处理突发事件的应急机制，提高轨道交通系统的灾害防御和应急救助能力。这也是公安公共交通管理部门的职责所在。

由于城市轨道交通的运营时间长、客流量大、人员密集、有效疏散空间小，而且多位于人口稠密、交通拥挤的地区，因此，在缺乏有效应急体系的情况下，一旦发生火灾、爆炸、毒气扩散、生化袭击、突发大客流等突发事件时，应急救援和人员疏散将非常困难。而科学应对突发事件的关键在于根据及时准确的事件信息迅速做出正确决策和启动应急处理系统。

但是，目前尚未建立实时监控的、网络化的、具有决策支持功能的某市轨道交通突发事件应急处理的软、硬件网络系统，十分不利于对突发事件的应急指挥和应急处理。因此，急需建立一套功能完备的突发事件实时应急集成指挥系统，构建与公安、武警、消防、救护、交通等系统互连的应急救助网络公共平台，以便通过该平台实时监测城市轨道交通的安全状况，对突发事件的应急处理进行统一的指挥、组织和协调，科学有效地调用各种资源，最大限度地控制和降低突发事件的危害和影响。基于此，作为具体负责城市公共交通安全的职能机构，提出了本课题建议。

本课题具有重大的科学研究意义和现实意义。开展城市轨道交通突发事件实时应急集成指挥系统方面的研究将大幅提升政府和公安部门快速应对城市轨道交通突发事件的能力，对保证城市轨道交通运行的长期安全产生重大影响。同时，为今后新线轨道交通突发事件实时应急处理系统的建立以及城市轨道交通的突发事件应急演练和安全培训提供重要的借鉴和平台，直接为保卫城市轨道交通的安全提供综合保障。

3.2 国内外研究开发现状和发展趋势

该项目研究所属领域为：城市公共安全工程。但研究内容依据的理论与技术涉及计算机控制、灾害防御、消防技术、GIS系统、监测技术、信号处理与分析等多门学科。

目前，国内尚未对城市轨道交通突发事件的特点和规律进行系统、全面的研究，没有建立三维真实场景的综合信息基础数据库，对人员疏散过程的研究限于虚拟模拟而未与实际场景结合，突发事件报警信息的传递缓慢，地铁突发事件的应急处置办法比较单一。特别是北京地铁一线和环线建设较早，消防设施设备及救灾手段简单，新建地铁没有完善的应急决策和救灾预案，安全保卫和安全管理工作需要进一步提高和改进。对城市轨道交通突发事件的实时应急集成指挥系统网络公共平台的研究则更少，在国外也未见有系统的文献介绍。

国外目前在建筑火灾模拟和人员疏散模拟方面开展得较早，已经有多个比较成熟的模型和软件，其中应用比较广泛的有英国格林尼治大学火灾安全工程研究室的 SmartFire 和 buildingEXODUS 等。但国外的人员疏散软件在人员行为特性方面的许多参数都是根据西方人确定的，与我国的情况可能有较大出入，所以直接应用有许多困难。而国内的相关研究起步较晚，与国外的差距也比较大，仅有某科技大学火灾科学重点实验室、某消防科学研究所等几个单位在这些方面有一些科研积累，但到目前为止无论是火灾模拟还是人员疏散，都没有推出成熟的模型和软件。对于建筑物内毒气泄漏，因为只是密度差造成的扩散流动问题，不涉及传热与流动的耦合，比较简单，所以国内外对此的计算机模拟研究较少。

国内轨道交通防灾系统的设计主要参考国外的经验。随着国外技术的不断引进，国内一些地铁设计单位加强了同国外公司的合作，国内的一些公安交通管理部门、大学、研究单位也针对轨道交通系统的安全问题进行了研究。例如某市公安交通保卫总队利用AutoCAD建立了地铁部分车站和地铁典型车站地面环境的三维模型、安全监控系统与地铁车站的监视系统实现了互连；某市地铁运营有限公司、市地下铁道设计研究所、某工业大学、某交通大学、某市劳动保护科学研究所等单位对地铁应急通风及火灾防灾排烟等问题进行了许多理论和实验研究工作，以及多次的地铁防火、防毒及防恐演习，制订了《某市地铁灭火抢险救援预案》，但该预案尚需要进一步扩充、细化和完善。国内的消防单位正在进行研究并编写《城市轨道交通消防安全管理标准》。

此外，目前国内外在城市轨道交通灾害防御及应急救助系统的研究主要集中在单一灾种防御和救助的子系统上面。大多数城市在轨道交通的灾害防御及应急救助方面，主要是在各地铁站各出口及主要位置安装监控摄像仪、火灾报警装置、烟气监控装置等，并与主控室相连接，通过人工监控获取信息，一旦有突发灾害，监控人员将信息传递给主管部门并协同公安、武警、消防、救助、交通等机构实施救援。这类系统存在以下缺点：

(1) 突发事件的信息不全。由于轨道交通多数是在半封闭或高架轨道中运行的（如地铁、高架轻轨），轨道交通灾害突发时，实施应急救助应是全方位的，即应从地上和地下实施组织，指挥机构仅通过部分信息难以了解灾害现场的真实状况，不能完全掌握发生灾害地点的地面信息。

(2) 突发事件信息不能共享。实施轨道交通突发灾害应急救助是多部门、多机构系统的联合行动，指挥机构利用单一的子系统不能及时有效地组织、协调各部门的联动。因此，需要建立城市轨道交通防灾系统与公安、武警、消防、救护、交通等应急救助系统之间网络互连的公共平台，为政府各部门提供组织和实施灾害防御及协调各相关机构快速处理城市轨道交通突发灾害的信息系统和决策系统。

3.3　项目现有工作基础

某市科学技术委员会十分重视和支持城市公共安全的研究工作。

某市公安交通保卫总队是负责保卫包括轨道交通在内的城市公共交通系统安全的职能部门，在公共交通安全保卫方面具有丰富的知识和经验，已利用AutoCAD建立了地铁部分车站和地铁典型车站地面环境的三维实景几何模型，公共交通安全监控系统与地铁车站的视频监视系统实现了互连。

某市地下铁道设计研究所，成立于20世纪70年代，是我国最早的地铁研究所，有较强的地铁领域专业技术队伍，专业领域覆盖地铁防灾的各技术领域。参加过某市地铁新线建设和旧线改造，完成了多项有关地铁安全运营、安全隐患控制的科研项目，参与多项地铁安全防灾规章的制订，特别是在地铁运营管理、安全生产、防灾应急处理等方面积累了丰富的科研实践。目前正在深入研究地铁车辆和设备的消除隐患改造工程中的问题。

已有的计算机软件与实验条件包括：

(1) 美国 ATE 公司开发的计算流体力学(CFD)的计算机模拟软件 CFX5。

(2) 美国地铁环境模拟(SES)计算机模拟软件，用于地铁火灾通风系统设计。

(3) PHOENICS、Star-CD 计算机模拟软件、buildingEXODUS 疏散模拟计算软件。

(4) 某地铁运营有限公司提供的各种相关技术资料和管理文件。

合作单位简单情况为：某工业大学。某市重点大学，早在20世纪90年代，就同某市地下铁道设计研究所合作对地铁通风系统进行研究。某工业大学完成与正在进行的部分相关科研项目有：

(1)公路隧道火灾计算机模拟及分析。

(2)地铁环境控制计算机模拟研究。

(3)某市地铁空气动力学研究。

(4)公路隧道通风计算机模拟。

(5)地铁火灾计算机模拟分析和公路隧道火灾通风预案研究。

(6)地铁站通风防灾计算机模拟计算等。

某市劳动保护科学研究所。是1956年由国务院批准成立的全国第一个综合性劳动保护科学研究所。1997年建立了某市重点实验室——某市有毒有害易燃易爆危险源控制技术研究中心，以城市安全评价及控制技术作为研究重点。先后完成或正在从事"高层建筑火灾与烟气流动全风网动态模拟技术研究"、"城市典型公共场所环境安全隐患评价技术及控制对策研究"、"高层建筑火灾烟气蔓延计算机模拟技术研究"等相关科研项目。特别在"城市典型公共场所环境安全隐患评价技术及控制对策研究"项目中，选取了某文化广场作为受限空间类城市典型公共场所的代表，与某科技大学火灾科学国家重点实验室合作，对其火灾危险性以及人员疏散安全性进行了定量评价；另外选取了某步行街作为开放空间类城市典型公共场所的代表，正与格林尼治大学火灾安全工程研究室合作，定量评价其在紧急情况下的人员疏散安全性。

在毒气泄漏扩散的研究方面，先后完成了"有毒重气泄漏风洞模拟实验与扩散模型研究"、"毒物泄漏扩散模型研究"等科研项目，与某大学环境科学中心合作，在国内第一次成功地进行了重气连续和瞬时泄漏的风洞模拟实验，并利用所得的实验数据对国外流行的扩散模型进行了验证评价。在几年的研究过程中，积累了比较丰富的经验，目前拥有了多个建筑火灾和人员疏散模拟软件，如CFAST、FDS4、ASMET、ASET以及自己开发的火灾烟气流动模拟软件和DEGADIS、SLAB等多个毒气泄漏扩散模型和火灾逃生模型等。

在该领域的科研合作方面，先后与国内最大的建筑火灾研究机构——某科技大学火灾科学国家重点实验室和国际一流的建筑火灾研究中心——格林尼治大学火灾安全工程研究室签订了框架合作协议，建立了长期稳定的合作关系，也同某消防器材股份有限公司的消防产品和火灾实验中心(国家级实验室)达成了合作共识。另外与公安部几个消防科学研究所、某市消防局等单位一直保持着比较密切的合作关系，这些可以为项目研究工作提供必要的技术支撑。

从20世纪90年代以来，某交通大学一直同某市地下铁道设计研究所、某地铁运营有限公司设备部、某地铁运营有限公司机电分公司、某地铁运营有限公司太平湖车辆段等地铁单位和部门合作，对某地铁通风系统和防灾报警系统进行研究。曾参加对地铁一线和环线通风排烟系统的改造方案论证工作，对环控通风排烟系统非常了解。已经正在进行与完成的部分相关科研项目有：

(1)地铁一线和环线环境控制系统改造的可行性研究。

(2)某地铁(复八线)环境控制系统测试与运行分析。

(3)隧道火灾事故发生原因(铁道部基金)。

(4)某地铁风机测试数字化方法研究。

(5)地铁轴流风机内流场分析及计算。

(6)某地铁车站和区间通风系统测试与改造方案研究。

(7)某地铁机电设备计算机信息管理系统。

(8)地铁隧道内空调机组散热排热方案设计。

(9)地铁列车通风改造和开发。

(10)某地铁通风系统一、二期改造方案研究。

(11)汽车发动机硬件在环境仿真系统研究。

此外，项目组可以充分利用地区的优势，在安全、劳动保护、信息科学、计算机技术、大型测试和分析仪器等领域有较强的研究基础和人才优势。课题各相关单位已建立起密切合作关系。这些科研单位具有良好的国际合作条件和合作背景，并和英国格林尼治大学、美国哈佛大学公共卫生学院、美国国家职业安全卫生研究所(NIOSH)等有较密切的合作关系。某地区在本课题领域的科研力量和人才、实验条件等方面，在国内领先，有较强的优势。

3.4 项目实施目标

总体目标

本课题以某市城市轨道交通包括地铁系统和地面轻轨系统为研究对象，共分6个专题研究以下内容：

专题1：某市轨道交通突发事件的综合信息基础网络数据库。

专题2：某市轨道交通突发事件的作用机理和疏散模型分析。

专题3：某市轨道交通突发事件实时应急指挥预案及辅助决策系统。

专题4：某市轨道交通突发事件及其应急处理的三维真实场景态势显示系统。

专题5：某市轨道交通突发事件实时应急集成指挥系统平台。

专题6：某市轨道交通突发事件应急集成指挥系统平台的仿真演练系统。

考核指标

(1)建立某市轨道交通突发事件的综合信息基础网络数据库，该数据库为包含数值、图形、影像等各种数据的三维真实场景的数据库,具备图形数据跟踪显示、三维动态缩放、网络化功能等。

(2) 建立某市轨道交通突发事件的作用机理模型和人员疏散模型,完成相应的突发事件和人员疏散能力的计算分析报告。

(3) 建立某市轨道交通突发事件应急指挥预案体系和辅助决策系统,该体系和系统有利于公安部门对某市地铁和地面轻轨系统进行有效的安全应急处理。

(4) 建立某市轨道交通突发事件及其应急处理的三维真实场景态势显示系统,能实时显示突发事件的完整信息和应急处理的流程。

(5) 建立某市轨道交通突发事件实时应急集成指挥系统,该系统能实现轨道交通系统与政府、公安、武警、消防、救护、工程抢险、交通等之间的网络互连和信息共享。

(6) 建立某市轨道交通突发事件应急集成指挥系统的仿真演练系统,通过人机交互方式为有关人员进行突发事件应急指挥和处理的演练和培训。

3.5 主要研究开发内容

3.5.1 要解决的主要问题

(1) 弄清城市轨道交通突发事件的特点和规律

通过计算机数值模拟计算和试验,了解轨道交通发生火灾后的燃烧与烟气流动规律、发生爆炸后对建筑结构的破坏和造成人员伤亡的规律、地震对地铁结构及线路的危害、发生生化袭击后的毒气扩散规律和应急通风方式、出现突发大客流事件后的通风和人员疏导方式,以便提出相应的应急处理和人员疏散策略等。

(2) 城市轨道交通突发事件应急指挥预案的具体内容

当轨道交通系统内出现突发事件时,科学地决策和有效地实施应急指挥预案将成为减轻危害程度、避免人员伤亡的关键。建立怎样的应急组织指挥机构、执行机构和应急岗位?应急处理的权限如何分配,处理指令的信息流向是怎样的?如何实施决策和指挥,按照怎样的步骤进行救援?如何合理地调用和监控各种应急资源、关闭和疏散转移措施、医疗救护和救援、应急通信和联络、应急照明和供电调度、应急特种物资和特种设备如何发挥作用等。

(3) 建立某市轨道交通突发事件及其应急处理的三维真实场景态势显示系统,能实时显示突发事件的信息和应急处理的流程

为应急决策者提供关于突发事件的准确可靠、真实直观、全面可靠的信息是做出应急决策和实施应急指挥预案的关键。关注事态的发展和在处置过程中根据不断变化的事件现场情况对应急处理进行调整也十分重要。拟通过三维建模、GIS/GPS系统、监测技术、信号

处理与分析、数据融合技术解决这一问题。

(4) 如何解决发生突发事件后的统一指挥和协调问题

当突发事件发生时，需要及时向各级机构和部门传递事件信息。如何将突发事件的各种信息及时、同步地传输给有关的政府机构、公安消防和其他职能部门，以便实施突发事件应急指挥预案，合理调用各种应急资源。拟通过 Web 宽带网络技术实现在政府、公安、武警、消防、救护、工程抢险、交通等之间需要大量的数据信息快速交换。

如何通过本系统来提高应对突发事件的能力和水平，从各个方面保证城市轨道交通的安全运营将是我国城市轨道交通需要解决的重要安全问题。

3.5.2　项目概况

本项目分成以下 6 个专题进行研究。

专题 1：城市轨道交通突发事件的综合信息基础网络数据库

- 城市轨道交通突发大客流、火灾、爆炸、地震、毒气扩散、生化袭击等突发事件案例分析数据库。
- 城市轨道交通的建筑结构、轨道线路、周边环境的三维真实场景数据库。
- 列车系统、客流分析及行车组织数据库。
- 防灾报警与消防系统数据库。
- 城市轨道交通应急反应资源分布数据库。
- 突发事件特征数据库。
- 人群行为特征数据库。

专题 2：城市轨道交通突发事件作用机理和疏散模型分析

- 城市轨道交通突发事件的分类及其定性定量评价技术。
- 城市轨道交通乘客结构调查及人群灾害行为特征分析。
- 研究整合爆炸对建筑物破坏程度的估算方法。
- 研究火灾、毒气泄漏及爆炸事故危害范围和程度的计算机动态模拟方法。
- 城市轨道交通在突发大客流条件下的疏散模型和疏散对策优化研究。
- 城市轨道交通在火灾和爆炸条件下的疏散模型和疏散对策优化研究。
- 城市轨道交通在毒气扩散和生化袭击条件下的疏散模型和疏散对策优化研究。
- 各种疏散模型和对策的计算机数值模拟仿真计算。

专题 3：城市轨道交通突发事件实时应急指挥预案及辅助决策系统

- 城市轨道交通在突发大客流条件下的实时应急指挥预案。
- 城市轨道交通在火灾、爆炸条件下的实时应急指挥预案。
- 城市轨道交通在毒气扩散和生化袭击条件下的实时应急指挥预案。
- 城市轨道交通在突发事件下的实时应急指挥预案。

● 建立各种实时应急指挥预案的数据库。
● 建立突发事件信息专家经验历史资料数据库。
● 研究突发事件应急指挥预案在执行过程中的动态校正问题。
● 开发突发事件应急处置辅助决策系统。

专题4：城市轨道交通突发事件及其应急处理的三维真实场景态势显示系统
● 建立较完整的城市轨道交通的层次化的三维真实场景几何模型。
● 研究城市轨道交通中各种监测点的合理选择和传感器的合理分布问题。
● 研究矢量图、格栅图、数值模拟输出文件等在几何模型系统中的数据融合问题。
● 建立城市轨道交通的行车组织综合信息实时显示系统。
● 建立突发事件在几何模型系统中的实时信息监测系统。
● 建立突发事件应急处理在几何模型系统中的实时信息追踪显示系统。

上述系统采用统一的地理信息位置空间坐标系，能描述真实的地理位置信息和相关信息，能给出到达该位置的优化路径，能完整地显示突发事件的局部和整体信息。

专题5：城市轨道交通突发事件实时应急集成指挥系统
● 建立以城市轨道交通信息控制中心为核心的网络系统。
● 实现城市轨道交通信息控制中心与车站、现场的网络互连。
● 建立城市轨道交通信息控制中心与政府、公安、武警、消防、救护、工程抢险、交通等应急系统的互连平台，实现资源的有限共享。

专题6：城市轨道交通突发事件及应急处理计算机仿真演练系统
● 城市轨道交通突发事件应急处理计算机仿真演练网络集成系统。
● 城市轨道交通突发事件应急处理计算机仿真培训系统。

3.5.3 课题主要技术关键和创新点

本项目的技术关键是：

(1) 城市轨道交通突发事件的计算机数值模拟计算。
(2) 建立城市轨道交通突发事件综合信息基础数据库系统。
(3) 编制综合性的城市轨道交通突发事件应急指挥预案。
(4) 建立三维真实场景态势显示系统。

本项目的创新点是：

(1) 首次对城市轨道交通突发事件及人员疏散进行计算机数值模拟计算和试验研究。
由于城市轨道交通突发事件的非线性、多变性和复杂性，难以用一般的数学物理方程描述，对其进行计算机数值模拟是唯一的最佳方法。但是数值模拟的难度比较大，而且单纯的数值模拟计算的准确性和可靠性难以保证，所以需要通过试验来验证和修改；而真实条件下的试验其数量和现场条件又受到较大的限制，所以本课题首次综合应用多种方法对其进行研究。

(2) 首次从多学科的角度开发城市轨道交通突发事件综合信息数据库系统。突发事件应急处置的决策过程有赖于对事件信息的准确把握和对预警系统的深入了解。本课题首次将突发事件的各种信息集成起来，提供有效的网络查询和数据访问，为应急指挥预案数据库的生成提供基本的信息，为突发事件应急处置辅助决策系统提供基本的平台，提高决策的科学性和快速性。

(3) 首次建立城市轨道交通突发事件及其应急处理的三维真实场景态势显示系统。本项目将充分应用计算机分析、地理信息系统、遥感、互联网技术及三维图像技术对各子系统的信息与图像进行数据处理和集成，在城市轨道交通的层次化的三维真实场景模型环境中准确地给出突发事件的地理位置数据，动态描述应急处理预案与实际执行过程的差别，真实完整地在本系统中复现应急处理的态势。

(4) 首次建立城市轨道交通突发事件实时应急集成指挥系统。本项目将首次利用计算机控制技术、多媒体技术和网络技术、信号传输技术将城市轨道交通安全监控系统与公安、武警、消防、救护、交通等应急救助系统互连，形成信息共享的公共平台——城市轨道交通突发事件实时应急集成指挥系统。该系统上与政府、公安、武警、消防、救护和交通等系统的应急救助网络互连，下与城市轨道交通安全监控系统互连。

3.5.4　解决措施

(1) 城市轨道交通分为地铁和轻轨两大部分，它们发生突发事件的可能性、危害程度、影响范围等都存在一定的差别，因而其安全保卫系统和应急处理机制并不完全相同，需要分别进行分析。

(2) 搜集和整理地铁和轻轨的地理资料，掌握真实的1:1的建筑尺寸和空间位置关系，利用 AutoCAD、3DS 或 UG 等图形软件建立某市地铁车站和区间、轻轨车站和线路以及周边环境的三维真实模型。

(3) 了解和掌握目前地铁和轻轨安全监测系统和网络系统、网络监控系统、医疗救援网络系统等各方面的资源的现状。

(4) 利用 WebGIS 技术集成与城市轨道交通有关的大比例尺基础地图数据、高分辨率遥感影像、三维几何模型、有关的图片图像、各种公安警务专题数据以及业务数据、轨道交通数据，确定统一的地理信息空间参考坐标系(例如经纬度坐标系)，建立突发事件的三维真实场景网络数据库。这里的轨道交通数据包括各种突发事件的特征数据和空间数据、列车运行监测影像、客流分析及行车组织数据、防灾报警与消防系统、城市轨道交通应急反应资源分布以及人群行为特征等。

(5) 利用计算机数值模拟技术对城市轨道交通突发事件的物理过程和作用进行计算和

分析，建立相应的人员疏散模型，并进行疏散的计算机动态模拟计算。

(6) 根据安全科学与技术的基本理论，结合计算机数值模拟计算和试验的结果，从预防、预备、响应和恢复4个环节，从安全监管、安全决策、安全技术装备等层面编制突发事件应急指挥预案，建立城市轨道交通突发事件应急指挥预案数据库，并与前面的综合信息基础网络数据库相结合，在此基础上利用系统工程技术建立专家辅助决策系统。

(7) 研究开发城市轨道交通重点区域(如地铁车站和区间)的安全监控系统，系统由摄像监控装置、火警监控装置、烟气监控装置、化学有毒气体监控装置、爆炸监控装置等设备组成；应用GIS及三维图像等数据输出技术将各地铁站安全监控子系统的监控信息及图像传输给主控制系统，建立主控系统对各子系统的实时监控系统，形成城市轨道交通安全监控系统。

(8) 应用计算机分析、信号传输、地理信息系统、遥感、互联网技术及三维图像技术，采用 C/S 和 B/S 结构相结合的方式，建立功能完备的以 WebGIS 为核心的城市轨道交通突发事件实时应急集成指挥系统，该系统上与政府、公安、武警、消防、救护和交通等系统的应急救助网络互连，下与城市轨道交通安全监控系统互连。

(9) 开发城市轨道交通突发事件实时应急集成指挥系统的计算机仿真演练系统。硬件环境主要包括：可视化显示系统、网络服务器、仿真数据库服务器、仿真主操作台、学员操作台、语音和广播系统、打印输出系统等。整个系统从软件结构上分为用户界面、数据库和应用程序三部分。用户界面的突发事件过程、应急指挥预案和疏散方式、消防救援执行过程等的演示界面拟采用Authorware多媒体开发平台，主要防灾报警设备和救灾装备的监控界面拟采用LabVIEW虚拟仪器软件或其他仿真软件开发平台。数据库拟采用 Microsoft的SQL Server或其他数据库语言。应用程序包括仿真演练主程序和仿真演练评价模块等，计划全部采用 Visual C++或其他仿真软件开发实现。网络通信采用 TCP/IP 协议。多媒体Authorware、虚拟仪器LabVIEW和应用程序之间采用动态链接库DLL进行数据通信。

3.6 社会经济效益分析和风险分析

1. 社会经济效益分析

通过本项目的研究，可以从以下几方面产生显著效益。

(1) 掌握城市轨道交通突发事件的规律和轨道交通的现况，为政府和公安部门快速应对突发事件、科学调配应急救援资源，控制突发事件的危害和影响，大幅度减少经济损失和降低救援成本。

（2）将各种影响因素有机结合起来，全面评价现有轨道交通的人员疏散的安全性能，采取优化的应急处理预案，大大提高对突发事件的应急反应能力和突发事件情况下的紧急疏散能力，使轨道交通在现有条件下的防灾和减灾能力得到大幅度提升。一旦发生突发事件，最大限度地降低人员伤亡和财产损失。

（3）大大降低轨道交通减灾现场演练的安全风险和成本，大大提高安全培训的效果和地铁安全与减灾的管理水平。通过突发事件的应急演练培训系统，提高某市地铁的总体安全应急水平，降低重大灾害事故造成的直接和间接损失，使灾害降至最低点。

（4）为今后的新线防灾系统设计、减灾应急系统设立和安全减灾培训提供依据和平台，直接为地铁的安全运营提供综合保障。

2．推广应用前景分析

目前我国已有 9 座城市（北京、天津、上海、广州、深圳、南京、重庆、大连、武汉）修建了城市轨道交通，其他城市（青岛、杭州、苏州、济南、成都、西安、沈阳、哈尔滨等）也在建和拟建城市轨道交通，轨道交通将在我国的城市公共交通系统中占有越来越大的比重。因此，公安交通管理机构保卫轨道交通安全的任务也越来越多，重要性也越来越突出，某城市轨道交通突发事件公安实时应急集成指挥系统的开发研究不仅可以应用于保卫某市轨道交通的安全，而且可以推广到全国其他城市的轨道交通安全保卫工作中。

借助计算机对特定场景下的人员疏散过程进行模拟，则是当前研究地铁安全疏散问题最先进的科技手段，已经逐渐为有关方面认可和接受。现在国外已经有多个模型和软件经过了不同程度的验证，并且已经有应用于地铁事故原因分析、过程模拟和疏散安全评价方面的成功先例。

此外，本课题开发的计算机演练与培训系统不仅适用于轨道交通的既有线路和新线路，也能够在全国其他城市的轨道交通中推广应用。作为具有自主知识产权的产品，该系统将产生显著的经济效益。同时，该系统为保卫城市轨道交通安全提供先进的技术支持手段，对公安部门监控突发事件和指挥应急救援、保障人民生命财产安全、维护社会稳定具有极其重要的意义和广阔的应用前景。

3．项目实施的风险分析

（1）市场风险

从目前的形势来讲，城市轨道交通安全研究不存在市场风险。主要是城市轨道交通在城市公共交通系统中的作用越来越大，我国将会加快城市轨道交通的建设，同时安全问题将是我们必须重视与必须解决的问题。

（2）技术风险

目前采用的计算机技术和软件比较成熟，主要技术风险在于"城市轨道交通突发事件和人员疏散计算机模拟"的相关现场实验问题。此外，该项目还有以下方面的风险：

● 科研项目的成果应用的实际效果评价，除模拟检验外，应接受实际突发性事故的实际检验，而这种检验具有不可预见性。

● 该项成果的推广和应用要有政府管理法规和标准支撑。

3.7　年度目标和年度实施计划

(1) 第一年度

启动所有专题的研究如下所述。

专题 1：对某市轨道交通的现状进行调查，搜集有关突发事件的资料，建立其三维几何模型；建立列车系统、客流分析及行车组织和应急反应资源分布数据库。

专题 2：对突发事件进行分类分析，对城市轨道交通乘客结构进行调查及对人群灾害行为特征进行分析，对各种城市轨道交通突发事件进行计算机模拟计算和必要的试验。

专题 3：编写城市轨道交通突发事件实时应急指挥预案体系方案大纲，编写数据库和辅助决策系统的技术需求，并进行软件系统原形设计。

专题 4：建立较完整的城市轨道交通层次化的三维真实场景模型，并附加各种属性描述，实现该模型与城市轨道交通的行车组织综合信息、突发事件实时信息、应急处理信息等的关联。

专题 5：调研现有的政府、公安、武警、消防、救护、工程抢险、交通等系统网络。

专题 6：对仿真演练系统的硬件和软件开发平台进行调研、比较和分析，编写系统软件开发技术需求。

(2) 第二年度

专题1：开发某市轨道交通突发事件的综合信息基础网络数据库。

专题2：进行某市轨道交通突发事件的作用机理和疏散模型分析。

专题3：开发某市轨道交通突发事件实时应急指挥预案及辅助决策系统，并取得初步成果。

专题4：某市轨道交通突发事件及其应急处理的三维真实场景态势显示系统。

专题5：某市轨道交通突发事件应急集成指挥系统平台的仿真演练系统，并取得初步成果。

专题6：完成仿真演练系统的原型设计，完成主要的用户界面和数据库的开发，并取得初步成果。

(3) 第三年度

专题1：完成某市轨道交通突发事件的综合信息基础网络数据库。

专题2：进行某市轨道交通突发事件的作用机理和疏散模型分析。

专题3：完成某市轨道交通突发事件实时应急指挥预案及辅助决策系统。

专题 4：完成某市轨道交通突发事件及其应急处理的三维真实场景态势显示系统。

专题 5：完成某市轨道交通突发事件应急集成指挥系统平台并进行系统调试。

专题 6：完成某市轨道交通突发事件应急集成指挥系统平台的仿真演练系统。

- 完成所有专题的研究，开始准备项目报告。
- 进行成果鉴定。

3.8　预期主要成果

主要成果形式有：

- 城市轨道交通突发事件的综合信息基础网络数据库研究报告。
- 城市轨道交通突发事件的作用机理和疏散模型分析研究报告。
- 城市轨道交通突发事件实时应急指挥预案及辅助决策系统研究报告。
- 城市轨道交通突发事件应急处理的三维真实场景态势显示系统研究报告。
- 城市轨道交通突发事件实时应急集成指挥系统平台研究报告。
- 城市轨道交通突发事件应急集成指挥系统平台的仿真演练系统研究报告。
- 城市轨道交通突发事件实时应急集成指挥系统平台。

本项目的研究成果属于项目各参与单位共同所有。

本章小结

　　本章通过一个典型案例，从项目建议书的目的和意义、项目现有的工作基础、项目实施目标、主要研究开发内容、项目概况、社会经济效益分析和风险分析、目标和计划以及预期主要成果等方面讲述了项目建议书的写作方法和技巧。

　　写项目建议书是一个向别人阐述自己观点的过程，而且项目建议书一般情况下是要去说服你的上司或者投资人来做这个项目，所以一定要非常完善，把所有可能的利弊都分析到。

参考文献

[1]　秦勇，王卓，贾利民. 轨道交通应急管理系统体系框架及应用研究. 中国安全科学学报. 2007(1)

[2]　崔艳萍，唐祯敏，李毅雄. 城市轨道交通现代安全管理体系构建初探. 中国安全科学学报. 2005(3)

[3]　石丽红，张清浦，刘纪平，栗斌. 面向突发事件的防范应急 GIS 系统的设计与实现. 中国安全科学学报. 2005(1)

[4]　城市轨道交通车站客流安全检测与应急管理系统. 第三届中国智能交通年会 2007

[5]　《某市轨道交通突发事件实时应急集成指挥系统》项目建议书

习题

1．名词解释

(1) 计算机数值模拟计算

(2) 综合信息数据库系统

(3) 三维真实场景态势显示系统

(4) 市场风险

(5) 技术风险

2．问答题

(1) 项目建议书的读者是谁?

(2) 项目建议书一般包括哪几个部分?

(3) 为什么项目建议书中要有主要技术和创新点?

(4) 风险分析的对象是什么?

(5) 制定项目计划的作用是什么?

3．论述题

(1) 通过本章的案例分析,如何理解写项目建议书是一个向别人阐述自己观点的过程,要非常完善,并把所有可能的利弊都分析到。

(2) 参考本章的案例,试写一份项目建议书。

第4章

需求分析书案例分析一

——研究生教务管理系统案例分析

第3章以一个典型案例分析，介绍了软件项目立项阶段文档写作的方法和技巧。软件项目通过立项之后，就要进入需求分析、概要设计和详细设计阶段，在这些阶段中需要撰写需求分析书、概要设计书和详细设计书。

从本章开始直到第11章，将以《某高校研究生教务管理系统》等数个不同类型的典型案例来说明软件开发过程中重要的三大文档——需求分析书、概要设计书和详细设计书的规范化写作方法。《某高校研究生教务管理系统》是某高校研究生的实践课题，功能精简清晰，实现简单明了。作为案例既保证了文档的完整性，又避免了过多的重复内容。

本章首先进入需求分析书的写作。

规约，就是规则。需求规约就是供需双方对项目制定的规则。需求方提出需求，开发方提出解决方案。双方达成一致，把规则记录下来，就是需求分析书。任何一个软件系统需求的获取，都是由客户和系统分析师等人经过商讨和研究之后得出的。这个过程不是一次成型的，而是需要反复的修改和提炼。

如果没有文档化的(无论是纸质的还是电子版的)需求分析书，大大小小、零零星星的需求可能会被遗漏。去饭馆吃饭，客人点菜时服务员都会把桌号、菜名写到单子上，点完菜后服务员还会报一遍所点的菜名，还会问"有忌口吗？"，就是这个意思。如果不问清楚，辣椒、盐放多了，客人吃着就不那么舒服。如果连菜名都没有记录下来，那么上错了菜或忘了做，双方就更说不清楚。正因如此，在需求分析阶段完成需求分析书是一件极其重要的工作。

从现在开始，就进入需求分析书的案例分析，框图中的内容为案例文档。

4.1 引言

4.1.1 编写目的

在完成了针对《某高校研究生教务管理系统》软件市场的前期调查，同时与多位软件使用者进行了全面深入地探讨和分析的基础上，提出了这份需求分析书。

此需求分析书对《某高校研究生教务管理系统》软件做了全面细致的用户需求分析，明确所要开发的软件应具有的功能、性能与界面，使系统分析人员及软件开发人员能清楚地了解用户的需求，并在此基础上进一步提出概要设计说明书，完成后续设计与开发工作。本说明书的预期读者为客户、业务或需求分析人员、测试人员、用户文档编写者、项目管理人员。

4.1.2　背景

2000 年 6 月，国务院发布了《鼓励软件产业和集成电路产业发展的若干政策》(国发〔2000〕18 号)，明确提出鼓励资金、人才等资源投向软件产业，进一步促进我国信息产业的快速发展，力争到 2010 年使我国软件产业研究开发和生产能力达到或接近国际先进水平，要求教育部门根据市场需求进一步扩大软件人才培养规模，依托高等学校、科研院所，建立一批软件人才培养基地。2001 年 12 月，教育部、国家计委批准了 35 所学校试办示范性软件学院。从此，软件学院正式踏上了历史舞台。

软件学院的建设目标是以市场需求为导向，培养具有国际竞争能力的多层次实用型人才。这就决定了软件学院的生源和传统高校的生源不一样，具有生源分布广(全国各地都可以报考)，类型多(脱产、在职)，学制灵活(2.5～5 年内毕业都可以)，档案复杂(有学校集体户口也有自己管理户籍关系)，课程设置灵活(根据市场需求新增、删除一些课程甚至专业)等特点。由于软件学院具有这些特点，使得教务工作变得复杂而烦琐。《某高校研究生教务管理系统》就是为了适应这些变化、减轻教务工作的负担，为学生提供一个了解学院动态、课程状态、与其他学生交流的平台而创建的管理系统。

4.1.3　定义

(略)

4.1.4　所参考资料

软件需求说明书(GB856T—88).doc

耿国桐，史立奇，叶卓映. UML 宝典. 成都：电子科技出版社，2004

［美］Bruce Eckel. *Thinking in Java*. 北京：机械工业出版社，2007

［美］David Flanagan. Java 技术手册. 北京：中国电力出版社，2006

需求分析书的第一部分为"引言"，包括编写目的、背景、定义和参考资料四部分。

第一，编写目的指的是为什么要写这份文档。干任何事情最开始都要明确目的，否则事情无从做起，盲目乱做就会导致南辕北辙。写文档也一样，如果不知道此文档都要写些什么内容，照着模板乱填的结果就是文不对题，毫无用处。明确自己的目的之后如果不用文字记录下来，过一段时间就很有可能被忘记。俗话说得好，"好记性不如烂笔头"，将目的清晰地记录下来，有益于时刻提醒需求说明书的编写者，针对需求分析书的编写目的和读者，采用恰当的语言和方式来描述需求，避免过早地陷入系统设计细节。

第二，在背景部分，可以包含以下内容：

(a) 待开发的软件系统名称。

(b) 本项目的任务提出者、开发者、用户及实现该软件的计算中心或计算机网络。

(c) 该软件系统同其他系统或其他机构的基本的相互来往关系。

本部分的主要目的就是简要介绍一下该软件所处的大环境，软件就像人一样，它有名字(软件名称)，有父母(任务提出者、开发者等)，有亲朋好友(其他协同工作的软件)，明白了这些关系之后就能对这个家族形成整体印象，从家族的角度来理解系统的大环境。

第三，在定义部分列出本文件中用到的专门术语的定义和外文首字母组词的原词组。

定义术语不仅是为了便于理解和记忆，更重要的是避免概念的混淆，因为文档中使用的某些词语可能出现双方的理解不统一的情况。双方看文档时都不觉得字面上有什么问题，但是软件做完以后就可能发现跟自己想象的有很大出入。

第四，在最后的参考资料部分，可以列出以下内容：

(a) 本项目经核准的计划任务书或合同，以及上级机关的批文。

(b) 属于本项目的其他已发布的文件。

(c) 本文件中各处引用的文献、资料，包括要用到的软件开发标准。列出这些文献资料的标题、文件编号、发表日期和出版单位，说明能够得到这些文献资料的来源。

需求分析书的参考资料部分和论文最后的参考资料一样，都是列举出在撰写的过程中所参阅的所有资料。其列举格式可以不像论文的参考资料那样严格规定，但仍然需要清晰记录主要信息，使读者能通过这些信息找到参考资料。例如同一本书，随着每一次出版，内容都会发生或多或少地变化，这时除了书名以外，版本号也是定位该参考资料的重要信息，因而也必须和书名一起被写下来。尽可能详细、全面地把所用到的参考资料都列举出来，因为读者在阅读这份需求分析书时可以通过查看参考资料，获得更多的相关知识。

在需求文档最开始处是项目的概述，包括系统从何而来、由谁来使用、系统能帮助人们解决什么问题、与其他类似的系统比起来具有什么特点。概述部分主要目的是和读者达成一种对系统的共识，是整个系统提纲挈领的内容。一个好的概述，应当在客户看过之后得出"没错，这就是我要的系统"的结论，而在概要设计者看过之后会发出"原来是这样一个系统"的感慨。

人们干任何一件事情都是有大环境、有目的的，我们在需求分析书开篇的地方也应该表明本系统开发的时代背景。开发背景对于客户而言应当不会产生什么实质性的影响，但是对于概要设计者而言，在开篇的地方就明确一下开发的大环境，很容易就能联想到为什么要开发这个系统。也许资深的设计者在看到系统的开发背景、目的之后，大概就能估计到系统将要做什么以及如何做。

4.2　任务概述

之前已经对本系统的时代背景进行过描述，如今就该进入到对系统本身进行描述了。系统描述部分力求用简短易懂的文字对系统进行一个概要描述，主要是系统的功能描述。

4.2.1　目标

《某高校研究生教务管理系统》是一个面向教务工作者、学院老师以及在读学生的综合管理系统。对教务工作者而言，是一个管理学院日常教务工作的系统；对老师而言，是了解学生情况、学院政策的系统；对学生而言，是整个学习阶段与学习、生活、教务关系最紧密的系统。该系统的建设目标就是，将学院日常工作、学习管理全部实现网上管理，建立一个能为教务工作者、学院老师以及学生服务的综合管理系统。

4.2.2　用户特点

教务管理人员：整个学院的教务管理人员数量不多，负责学院从老师到学生的所有教务相关的工作。他们能熟练运用办公软件，熟知教务工作内容，因而较容易理解掌握新开发的《某高校研究生教务管理系统》。

教师：具有计算机相关领域的专业知识，很容易掌握该系统的使用。

学生：从数量上来说，学生是该系统的最大用户群，作为拥有一定计算机相关知识的学生而言，应该很容易掌握该系统的使用方法。并且因为学生的所有与学习相关的工作都将依赖该系统，所以学生也是该系统使用最频繁的用户群。

4.2.3　假定和约束

整个系统开发的时间为 3 个月（从×年×月到×年×月），投入 N 个人月。在"目标"部分，叙述该项软件开发的意图、应用目标、作用范围以及其他应向读者说明的有关该软件开发的背景材料。解释被开发软件与其他有关软件之间的关系。如果本软件产品是一项独立的软件，而且全部内容自含，则说明这一点。如果所定义的产品是一个更大系统的一个组成部分，则应说明本产品与该系统中其他各组成部分之间的关系，为此可使用一张方框图来说明该系统的组成和本产品同其他各部分的联系和接口。

在"用户特点"部分，列出本软件的最终用户的特点，充分说明操作人员、维护人员的教育水平和技术专长，以及本软件的预期使用频度。这些是软件设计工作的重要约束。通过分析软件系统的用户群，对其进行分类，掌握不同用户之间的差异，才能因人而异创造出符合人们需求的软件系统。

　　在"假定和约束"部分，列出进行本软件开发工作的假定和约束，例如经费限制、开发期限等。即便是数学定理的证明也需要在某些条件下才能成立，软件的开发与运行也是如此。只有正确描述软件系统在运行或者开发阶段的内、外约束，才能保证系统的正常开发与运行。

　　我们可以看到，案例中的约束条件列举了系统运行和业务操作方面的约束，这些约束从另一方面补充了本系统开发中必须满足的需求。

4.3　需求规定

4.3.1　对功能的规定

　　（1）用例图

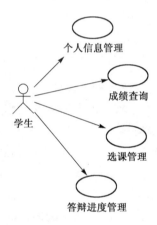

　　（2）用例规约

用例编号：U0001		用例名：个人信息管理	作者：×××
用例描述：创建和维护学生个人基本信息			
执行者	学生		
相关用例	无		
前置条件	学生已登录本系统		
后置条件	无		
基本路径	1. 用户选择"个人信息管理"功能 2. 用户编辑个人基本信息 3. 用户编辑个人其他信息 4. 保存个人信息		
备选路径一	用户未登录本系统，自动跳转到用户登录页面		
备选路径二	用户输入无效数据，如在生日栏输入非日期格式的内容		
备选路径三	用户在提交之前关闭页面或选择其他功能，取消之前编辑的内容		
非功能要求	无		

研究生教务管理系统

登录成功, 欢迎HDM光临教务管理系统!

功能导航:

学生权限
— 成绩信息查询
— 选课
— 答辩进度
— 个人信息管理
— 修改密码

基本信息 (不可更改)

姓名		学号		身份证号	
性别		民族		年级	
班级		生日		专业	

其他信息

政治面貌: ▾

家庭地址:

邮编:

手机号:

家庭电话:

宿舍电话:

婚否: ▾

实习公司导师姓名:

学校导师姓名:

邮件地址:

提交更新   关闭

用例编号: U0002	用例名: 成绩查询	作者: ×××
用例描述: 显示用户已修课程的成绩		
执行者	学生	
相关用例	学生成绩管理	
前置条件	学生已登录本系统, 相关成绩已经成功登录	
后置条件	无	
基本路径	1. 用户选择"成绩查询"功能 2. 显示已修课程基本信息及成绩 3. 显示学分基本信息 4. 关闭页面	
备选路径	无	
非功能要求	无	

研究生教务管理系统

登录成功,欢迎HDM光临教务管理系统!

功能导航:

学生权限
—— 成绩查询
—— 选课
—— 答辩进度
—— 个人信息处理
—— 修改密码

课程名	授课教师	课程性质	开课时间	学分	成绩
英语口语	张三	必修	2007/09/01	2	88
标准日本语一	李四	选修	2007/09/01	2	79
软件工程	王五	必修	2007/09/01	3	92
英语科技写作	赵六	必修	2007/09/01	2	95

学分基本信息:
必修所得学分:7分　　　　　　　必修还差:18分
选修所得学分:2分　　　　　　　选修还差:26分
(其中,限选所得学分:0分)

[关闭]

用例编号:U0003		用例名:选课管理	作者:×××
用例描述:选择本学期要学习的必修和选修课			
执行者	学生		
相关用例	课程信息管理		
前置条件	学生已登录本系统,课程信息已经登录完毕		
后置条件	无		
基本路径	1. 用户选择"选课管理"功能 2. 选中本学期要学习的课程 3. 保存选课信息		
备选路径一	用户未登录本系统,自动跳转到用户登录页面		
备选路径二	取消已经选修的课程并保存选课信息		
备选路径三	用户在提交之前关闭页面或选择其他功能,取消之前选中/取消的内容		
非功能要求	无		

研究生教务管理系统

登录成功, 欢迎HDM光临教务管理系统!

功能导航:

|学生权限
—— 成绩查询
—— 选课管理
—— 答辩进度管理
—— 个人信息管理
—— 修改密码

课程号	课程名	授课教师	课程性质	开课时间	学分	选课/退课
AA	英语口语	张三	必修	2007/09/01	2	☐
BB	标准日本语一	李四	选修	2007/09/01	2	☑
CC	软件工程	王五	必修	2007/09/01	3	☑
DD	英语科技写作	赵六	必修	2007/09/01	2	☐

提交更新

用例编号: U0004		用例名: 答辩进度管理	作者: ×××
用例描述: 申请开题、中期、终期答辩, 查看答辩进度			
执行者	学生		
相关用例	无		
前置条件	学生已登录本系统		
后置条件	无		
基本路径	1. 用户选择 "答辩进度管理" 功能 2. 显示答辩系统首页提示信息 3. 用户选择 "进入系统" 4. 根据当前答辩进度决定下一步操作 5. 完成答辩相关工作后退出		
备选路径一	用户未登录本系统, 自动跳转到用户登录页面		
备选路径二	用户满足开题条件, 可以申请开题, 提交开题相关材料		
备选路径三	用户在基本路径的任何一步选择退出, 离开答辩进度管理子系统		
非功能要求	无		

研究生教务管理系统

登录成功, 欢迎HDM光临教务管理系统 |

功能导航:

|学生权限
--成绩查询
--选课管理
--答辩进度管理
--个人信息管理
--修改密码

欢迎使用答辩系统

几点说明:

1.　每位软件工程硕士研究生在论文开题前, 必须至少阅读10篇与本学科、选题相关的技术文献, 写出文献综述报告, 并作为论文开题报告的部分或附件。

2.　开题报告应包括论文选题的背景意义、有关方面的最新成果和发展动态、课题的研究内容、拟采取的实施方案、关键技术及难点、预期达到的目标、论文详细工作进度安排和主要参考文献等。

3.　开题条件包括三项: 学分是否够、相关费用是否缴纳、是否办实习手续, 其中第三项是针对03级和其以后的学生。

4.　凡是未在规定时间内提交开题申请表的学生, 本月答辩安排不予考虑。

5.　本文件最终解释权归软件学院。

我知道了,进入系统

研究生教务管理系统

登录成功, 欢迎HDM光临教务管理系统 |

功能导航:

|学生权限
--成绩查询
--选课管理
--答辩进度管理
--个人信息管理
--修改密码

您现在正处在中期答辩阶段
(您开始答辩进程的时间为: 2007年9月25日)

阶段	申请时间	目前状态	操作
开题	2007年5月10日	本阶段已经结束	详情
中期	2007年9月10日	中期答辩申请	进入...
终期		未开始	

需求规定部分包含 6 部分的内容，分别是对功能的规定、对性能的规定、输入输出要求、数据管理能力要求、故障处理要求和其他专门要求。其中，对功能的规定是整个需求分析书的核心内容。

在 4.3 节对功能的规定中，用列表的方式（例如 IPO 图即输入、处理、输出表的形式），逐项定量和定性地叙述对软件所提出的功能要求，说明输入什么量、经过怎样的处理、得到什么输出，说明软件应支持的终端数和应支持的并行操作的用户数。

在对功能的规定中，要真实、恰当、全面地描述客户的需求，可以借助用例图来实现这一目标。用例（Use Case）是一种描述系统需求的方法，使用用例的方法来描述系统需求的过程就是用例建模。用例方法最早是由 Iva Jackboson 博士提出的，后来被综合到 UML 规范之中，成为一种标准化的需求表述体系。通过参与者（Actor）、用例（Use Case）和关联（Communication Association）来描述什么人通过什么形式来使用系统的哪些功能。用例图有层级之分，越底层的用例，越详细地描述系统的需求，自顶向下逐步细化用例图的过程也就是逐步获得客户需求的过程。

用例规约是对用例图的解释说明，二者搭配使用，图文并茂地描述了所需功能的各种细节，包括前置条件、后置条件、功能流程、备选路径和一些其他要求。用例图能够形象、直观地给客户讲解该模块的功能；把用例规约用表格来记录的好处是，便于概要设计者快速查找到自己关心的内容，而不需要从一大段文字里面逐行逐字地去找。特别需要注意的是用例编号，因后续的设计是基于每个用例来做的，而编号是用例最重要的标识，因此用例编号出问题会导致整个系统的开发出现混乱。

对于功能的描述方式可以有多种方式，除了目前比较流行的用例图外，还有很多其他的描述方法，可以根据客户需要、项目特点、个人习惯等来决定采用哪种描述方法。其实无论采用何种方式，把客户的所有需求完整地、无歧义地表达出来才是关键的。

国家标准（GB856T—88）推荐用 IPO 图（即输入、处理、输出表的形式），下面就是 IPO 的一个例子。

IPO 图

"学生个人信息管理"功能的 IPO 图如图 4.1 所示。

在需求分析阶段，一定要尽可能全面地挖掘客户需求，不要等到项目开始编码了才发现这样那样的功能也是必不可少的。问题越早被发现，其修正的代价就越小。所以在功能描述部分的重点是包含面广，它可以不深入透彻，但一定要面面俱到。

原型界面是向客户展示未来系统大致形态最直接、简单明了的办法，也是向客户确认需求很有效的方法之一，它直观易懂。原型界面虽然是由开发方做出来的，但是这应该是基于目前所掌握的客户需求，原型界面不能仅凭设计者的想象，而应当与客户充分沟通来确定需求。原型界面要分清楚主次，重点在于系统的操作、输入输出信息的显示方法和位置。至于页面是否要做得与未来实际系统一模一样，这就要和客户协商了。一般说来，原型和实际系统在界面上会有一定差异，但功能上区别不大。虽说是系统原型，系统的操作感和美感在此基本就确定了。最终成品的界面可能会用一些颜色或是图案来装饰页面，但是更为重要的美感是来自于布局的协调。一个人的五官也许分开看、左看、右看都觉得不怎样，但是组合在一起说不定就是一张很漂亮的面部。界面其实就如同人的长相，按钮、文本区域等就如同人的五官，我们虽然无法给漂亮的面部下定义，但是漂亮的面部都有一个共同的特点，那就是匀称。漂亮的界面如同漂亮的面部，很容易给人良好的第一印象，所以我们应该尽量做出符合大众审美的界面来。界面设计合理、风格或者简约大方或者丰富多彩、色彩和谐悦目等这些外观的要求，不要留待系统编码时才开始考虑，应该在需求阶段就获得客户的认可，毕竟详细设计和编码阶段的关注点是"如何实现"而非"实现什么"。

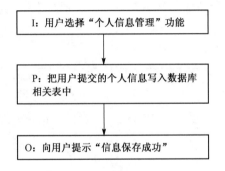

图 4.1　"学生个人信息管理"功能的 IPO 图

在做原型界面时，不一定要用未来实际开发用的工具(或者开发语言)来创作界面，可以用 Excel、VB、html 静态页面等各种各样的方式来绘制。绘制的过程不是重点，最终画出来的结果界面才是关注的焦点。原型界面和实际界面应该是 1:1 等比例的效果，这样的原型界面才会比较有价值。

4.3.2　对性能的规定

1. 精度

(略)

2. 时间特性要求

查询类页面响应时间：≤3 秒

新建、更新类页面响应时间：≤2 秒

3. 灵活性

(略)

4. 数据管理能力要求

（略）

5. 故障处理要求

故障发生时，应可以通过日志了解故障现象、发生时间。

6. 其他要求

界面美观大方，功能区分显眼，文字描述通俗易懂，并发性高，吞吐量大，系统安全有保障。

性能需求是除了功能需求之外的另一方面的需求，性能需求看似简单，但实际上却极大地影响了系统开发的难度。就如同生产两辆外形完全相同的汽车，其中一辆最高时速只有100千米/小时，而另一辆却希望能达到 300 千米/小时，这样的两辆汽车生产起来其难度是有天壤之别的。无论是普通的汽车还是最高时速为300 千米/小时的汽车，能跑起来是它的功能需求，跑的速度是否要达到300 千米/小时就成为了它的性能需求。看似只有速度不同这一个性能需求的不同，但实际上必须采用完全不同的零部件和设计。同样，在软件开发领域，在设计的过程中，往往会根据客户性能需求的不同而采用不同的技术方案。

对性能的规定包括精度、时间特殊性和灵活性三部分内容。其中，精度部分说明对该软件的输入、输出数据精度的要求，可能包括传输过程中的精度。

软件是运行在计算机硬件之上的系统，它的处理精度依赖于实际的硬件。假设计算机能提供精确度为 8 位的运算，那么客户在性能上想要精确到 64 位的话，这一要求显然不能实现。并且，恰当地定义输入输出精度，既符合现实的需要，又有利于节约计算机时空资源，提高计算机的运行效率。

精度上的需求，主要还是由业务来决定，看看客户需要精确到什么程度，不同的模块是否有不同的精度要求。在需求规格说明书中要完整地记录顾客关于精度的要求。

在时间特殊性上，说明对于该软件的时间特性要求，如对以下几点的要求：

（a）响应时间

（b）更新处理时间

（c）数据的转换和传送时间

（d）解题时间

软件性能很重要的一个方面就是时间要求，人们之所以要使用计算机帮助解决问题，就是因为它速度快，能帮助人们提高效率。如果一个软件系统完成一件事情所花的时间比手工完成还要多的话，估计计算机是无法普及起来的吧。如果客户在计算机领域完全是个门外汉的话，有可能客户提出的性能需求是不切实际的，比如说客户希望检索1000万条数据的时间控制在0.1 秒内，类似于这样的需求，在目前的软硬件条件下是无法达到的。这时，我们的需求分析师就该向客户说明现实情况，协助客户制定出比较合理的性能需求。

在灵活性部分中，说明对该软件的灵活性的要求，即当需求发生某些变化时，该软件对这些变化的适应能力，如：

(a) 操作方式上的变化

(b) 运行环境的变化

(c) 同其他软件的接口的变化

(d) 精度和有效时限的变化

(e) 计划的变化或改进

对于为了提供这些灵活性而进行的专门设计的部分应该加以标明。

需求到最后一刻都有可能发生变化，这在软件开发领域如同家常便饭一样普遍，想让客户在一开始就提出确定无变更的需求几乎是不可能的，系统越大、功能越多就越不可能。所以，为了应对这些需求上的变化，软件工作者们应该采取什么对策正是灵活性部分应该关注的内容。

在"数据管理能力要求"部分，"说明需要管理的文卷和记录的个数、表和文卷的大小规模，要按可预见的增长对数据及其分量的存储要求做出估算。"

世界上任何容器都是有容积的，即便是《西游记》中的无底洞，它也不是真正意义上的没有底，只是底部很深而已。用于记录数据的物理媒介也有它的最大容积，当计算机处理的数据超过这一容积时，数据就会丢失，这对用户来说无疑是无法忍受的事情。所以，正确地估计系统的数据量、合理安排存储介质、适当地转移备份数据，这些都是在需求阶段需要考虑的问题，是系统能够长时间持续不断运行的必要条件。

在"故障处理要求"部分，列出可能的软件、硬件故障以及对各项性能而言所产生的后果和对故障处理的要求。

故障处理是每个系统都必须面临的问题，强大的故障处理能力是系统健壮性的体现，是实际开发中需要花费大量精力来考虑的重要环节。一个好的需求规定说明书，应当对故障处理有充分的说明，尽可能多地考虑可能发生的故障。此处所说的故障并非程序的错误，而是各种异常，如断网、断电、堵塞、不当操作等环境因素导致的故障。对于各种可能出现的错误类型要有预判，并且与客户协商好处理方式。

4.4　运行环境规定

4.4.1　设备

服务器：PC(CPU：**，内存：**，硬盘：**)。

4.4.2　支持软件

操作系统：Windows 2000 Server。

数据库：MySQL。

应用服务器：Tomcat 5.5。

4.4.3　接口

（略）

4.4.4　控制

（略）

第 4 部分为"运行环境规定"，包括设备、支持软件、接口和控制 4 部分内容。这 4 部分共同描述了该软件运行时的实际环境。人类需要在特定的重力、大气、阳光等条件下才能生存，同样，软件只有在适当的环境下才能正常发挥作用。

在4.4.1节"设备"部分，列出运行该软件所需要的硬设备。说明其中的新型设备及其专门功能，包括：

(a) 处理器型号及内存容量

(b) 外存容量、联机或脱机、媒体及其存储格式，设备的型号及数量

(c) 输入及输出设备的型号和数量，联机或脱机

(d) 数据通信设备的型号和数量

(e) 功能键及其他专用硬件

在描述软件运行所需设备时，应该尽量完整地把所有必需的设备都记录下来，可以把它当成一份配置清单，任何人只要看到这个清单就能配齐所有必需的设备。

在4.4.2节支持软件部分，列出支持软件，包括要用到的操作系统、编译(或汇编)程序、测试支持软件等。

支持软件也是该软件系统能正常运行必须具备的条件，所以在支持软件部分，也应该全面地记录所有必需的软件，从操作系统到硬件驱动，到其他的应用软件。如果实现同一功能的软件有多个，则可以以备注的形式列举出来。软件的版本也是必须记录的信息。

在 4.4.3 节"接口"部分，用于说明该软件同其他软件之间的接口、数据通信协议等。

我们一般接触到的应用软件，在操作系统软件的支撑下可以无障碍地使用，因为操作系统为我们提供了一个使用平台。但是，当我们自行开发一个软件时，就需要考虑该软件系统如何与其他的软件系统协同工作，需要遵守哪些约定。这些都应该在需求说明书中被清晰地记录下来。

在4.4.4节"控制"部分，应该"说明控制该软件的运行的方法和控制信号，并说明这

些控制信号的来源。"

由内容上来看，很容易知道，一般在工业控制类系统中会涉及到这方面的内容。这些信号可以被认为是软件系统的输入，不同的输入会触发软件系统采取不同的对策，从而获得不同的输出结果。

数据接口和通信接口需求实际上是该系统用来衔接系统所处环境的一些规定，这些规定必须被遵守，否则系统就成了离开水的鱼。

本章小结

本章通过一个典型案例，从引言、任务概述、需求规定、运行环境规定等方面讲述了需求分析书的协作规范和技巧。

编写需求分析书，切忌直接在模板上填空，而要明确每步需要传达给读者的信息到底是什么，如何表达才能让读者易于理解和接受。站在读者的角度上去写，才能给读者传达所需的信息。需求分析书的读者既有用户，也有后续的概要设计者，所以既要真实全面地反映用户的需求，又要给概要设计者提供可以基于它进行概要设计的所有信息。

参考文献

[1] 史济民，顾春华，李昌武，苑荣. 软件工程：原理、方法与应用. 北京：高等教育出版社，2010

[2] 王兴芬等. 基于校园网络的综合教务管理系统的设计与实现. 东北农业大学学报，2000，31(1)

[3] 潘蕾. 网上教务管理系统的设计与实践. 实验室研究与探索，2000，(2)

[4] 吴会丛，秦敏，赵玲玲. 高校教务管理信息系统的设计与实现. 河北工业科技，2001，70(18)

[5] 《某高校研究生教务管理系统》需求分析书

习题

1. 名词解释

(1) 用例　　　　　　　　　　(5) 假定和约束

(2) 用例建模　　　　　　　　(6) IPO 图

(3) 用例方法　　　　　　　　(7) 响应时间

(4) 用例规约　　　　　　　　(8) 故障处理

2. 问答题

(1) 需求分析的背景里应包含哪些内容？

(2) 需求规定包含哪几个部分，其中核心的内容是什么？

(3) 在任务概述的"目标"部分应该完成哪些工作？

3. 论述题

(1) 对性能的规定包括精度、时间特殊性要求和灵活性三部分内容。在时间特殊性上，说明对于软件的时间特性要求，举例说明应该对哪几点进行要求。

(2) 参考本章的案例，以《本科生教务管理系统》为题目，试写一份需求分析书。

第 5 章
需求分析书案例分析二

——奥运综合服务系统案例分析

在第 4 章介绍的需求分析书案例分析的基础上，本章根据另一类型典型案例——《奥运综合服务系统》的需求分析书，对需求分析书的写作方法和技巧进行进一步的讲述。由于是某高校研究生的实践课题，系统为虚拟的项目，所以功能比较少，而且实现比较简单。但就其文档而言，还是一份不错的需求分析书。

需求分析书的读者有两个，客户和概要设计参与者。因此在写的时候要用读者易于理解的语言描述读者关心的事情。

在需求文档最开始处是项目的概述，包括系统从何而来、由谁来使用、系统能帮助人们解决什么问题、与其他类似的系统比起来具有什么特点。概述部分的主要目的是和读者达成一种对系统的共识，是整个系统提纲挈领的内容，该系统开发的过程都是围绕着概述来展开的。一个好的概述，应当在客户看过之后得出"没错，这就是我要的系统"的结论，而在概要设计者看过之后发出"原来是这样一个系统"的感慨。

5.1 系统概述

5.1.1 系统开发背景

2008 年 8 月，第 29 届奥运会在中国北京盛大召开。正因为这样，北京成为了全世界的焦点。为了举办这一世界盛会，北京市政府在城市建设、环境保护等各个硬件方面投入了巨大的财力和物力。在北京的信息化建设这一方面也积极部署，加快开发。为了使为数众多的用户在奥运会期间能够快速、及时地获得奥运相关资料，在这样的背景下，开发小组决定开发《奥运综合服务系统》。本系统不像一般的网站只提供一些基础的信息，我们将会提供全方面的奥运资讯和优秀的奥运网络服务。首先，本系统能提供高效的奥运信息的检索功能，可以动态地向广大用户提供丰富及时的奥运新闻，成为充分展现北京奥组委"新北京、新奥运"思想的窗口。其次，本系统还提供一些特定的功能，例如，既可以在网上搜索比赛信息，又可以发表评论，给国内外的观众提供便利的服务。

系统名称：《奥运综合服务系统》

说明：按照《软件设计文档国家标准》，需求分析书的背景部分可包括三个方面：

(a) 待开发的软件系统的名称。

(b) 本项目的任务提出者、开发者、用户及实现该软件的计算中心或计算机网络。

(c) 该软件系统同其他系统或其他机构的基本的相互来往关系。

人们干任何一件事情都是有大环境、有目的的，我们在需求分析书开篇的地方也应该表明本系统开发的时代背景。开发背景对于客户而言应当不会产生什么实质性的影响，但是对于概要设计者而言，在开篇的地方就明确一下开发的大环境，很容易地就能联想到为什么要开发这个系统。也许资深的设计者在看到系统的开发背景、目的之后，大概就能估计到系统将要做什么及如何做。

5.1.2 系统描述

北京奥运会期间，为了给游客和用户提供网上服务，我们特意开发了这个《奥运综合服务系统》。本系统包含 4 个主要功能：赛事在线直播、奥运新闻搜索、奥运场馆介绍和比赛项目介绍。面向服务提供商的功能：在线播放功能、新闻发布和编辑、奥运场馆管理和比赛项目信息管理功能。

之前已描述了本系统的时代背景，现在开始描述系统本身。系统描述部分力求用简短易懂的文字对系统进行一个概要描述，主要是系统的功能描述。

5.1.3 系统功能描述

《奥运综合服务系统》分为用户功能和服务提供商功能两部分。

系统特征：为用户和服务提供商提供了一个交流奥运信息的平台，用户可以快速地了解奥运信息，服务提供商可以方便快捷地提供奥运信息。

5.1.2节的"系统描述"部分，我们虽然以文字的形式对系统功能进行了介绍，但是利用图表(参见图5.1)可以更为直观地表达系统包含的所有功能及其之间的关系，由于借助图表进行描述一目了然，读者很容易对系统形成感性认识，而且大大节约阅读时间。实验表明，图形更容易被人们认知和记忆。

5.1.4 一般约束

(1) 管理方针

项目经理(PM)完成详细设计之后，小组成员分别独立完成开发，遇到技术或者业务上的问题时大家集体讨论，PM 负责监督工作进度。

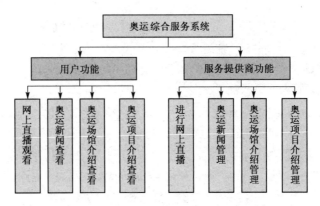

图 5.1　功能模块划分图

（2）经验技术

采用 J2EE 框架。Java 具有平台无关性的特点，面向对象和安全性等各种各样的特征。J2EE 访问数据库、Java 组件和 Web 技术等非常适合构建大型应用系统，很好地支持 B/S 结构，保证系统的广泛适用性。

视图采用 AJAX 技术，提供更强大的表示功能和用户操作的便捷性，同时减轻了业务层的负担。

三层结构：MVC 的三层结构设计，保证系统的灵活性。

系统采用平台无关的设计，可以面向各种各样的关系数据库和顾客的软件硬件环境。

完全 B/S 结构：用户使用方便，管理员维护也方便。

客户在确认系统功能符合自己的要求之后，最关心的问题就是开发者打算如何做。对于大多数客户而言，他们往往不是计算机领域的专家，对开发系统用到的各种技术的特点不太了解，因此开发者在介绍一般约束时要注意方法。通过多种技术之间的相互对比，让客户很容易发现哪种技术比较适合本系统，通过对比决定最终的开发方案。如果在此处天花乱坠地写过多专业术语反而会让客户如坠云雾之中，使客户对开发者产生不信任。另一方面，对于概要设计者来说，采用什么技术是设计的基础，在开始就明确技术路线，有助于后面内容的阅读和理解。

5.2　功能和非功能需求

5.2.1　功能模块划分

《奥运综合服务系统》系统的功能分为：

（1）网上直播功能——在线播放模块

（2）奥运新闻功能——新闻发布、编辑和搜索模块

（3）奥运场馆介绍功能——奥运场馆介绍模块

（4）奥运项目介绍功能——奥运项目介绍模块

非主要功能：

（5）登录功能——用户登入系统

系统概述之后就该列举需求了，并对其进行分析。需求是由客户提出来的，分为功能需求、性能需求和输入输出需求、数据管理能力需求、故障处理需求、其他专门需求等。

对于系统的功能需求，通常采用 UML 的用例图来描述，其他方面的需求可以用文字直接记录。其原因是功能需求相对复杂，是一个由客观事物抽象成物理模型的过程，只有图文并茂才能形象又准确地表达出来。以下就是针对每个功能模块进行的需求分析。

1．在线播放模块

在线播放模块的主要功能是，以文字形式向用户提供各场比赛的赛况，用户可在看比赛的同时进入聊天室与其他用户一起讨论赛事，大大提高了用户之间的互动性和趣味性。

对于奥运会的 28 个大项目，302 个小项目，针对每个项目都有一个播放室，用户可以选择观看自己感兴趣的赛事，和志趣相投的其他用户一起积极讨论。

本系统的管理员或者服务提供商负责播放奥运各个赛事。

因此，在线播放模块的功能为：

● 提供奥运 28 个大项目，所有 302 个小项目的在线播放室

● 服务提供商直播比赛

● 用户观看直播

● 聊天互动

在线播放模块的用例图如图 5.2 所示。

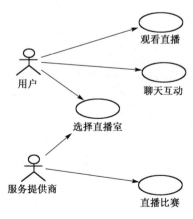

图 5.2　在线播放模块的用例图

各用例的用例规约

用例编号：U0001	用例名：选择直播室	作者：×××
用例描述：用户或者服务提供商选择一个直播室		
执行者	用户或者服务提供商	
相关用例	无	
前置条件	用户或者服务提供商已登录本系统	
后置条件	无	
基本路径	1. 用户或者服务提供商选择一个想观看的直播室 2. 登录者为用户时，跳转到观看比赛直播页面 3. 登录者为服务提供商时，跳转到比赛播放页面	
备选路径	如果用户还未登录本系统，将会跳转到用户登录页面	
字段列表	用户或者服务提供商的身份保存在 session 的 userType 字段	
业务规则	无	
非功能要求	点亮各播放室的标志	
设计约束	无	
遗留问题	无	

用例编号：U0002	用例名：直播比赛	作者：×××
用例描述：服务提供商比赛内容		
执行者	服务提供商	
相关用例	无	
前置条件	服务提供商已经选择了某个直播室	
后置条件	直播完毕后，直播室的状态必须设为停止（关闭）	
基本路径	1. 服务提供商将直播室的状态置为播放中 2. 文字直播期间，向系统中输入比赛情况 3. 直播完毕后，直播室的状态置为停止（关闭）	
备选路径	如果直播室的状态为停止（关闭）的话，无法进行文字输入	
字段列表	直播状态为 LiveStatus	
业务规则	直播者必须在直播前将直播状态设为开始，终了时设为停止（关闭）	
非功能要求	直播的内容可以保存在本系统中	
设计约束	无	
遗留问题	无	

用例编号：U0003	用例名：观看直播	作者：×××
用例描述：用户观看直播比赛		
执行者	用户	
相关用例	无	
前置条件	用户已经选择了某个直播室，该直播室的直播已经开始	
后置条件	无	
基本路径	1. 用户已知正在播放的是哪场比赛 2. 用户观看直播	
备选路径	如果本直播室的比赛还没有开始，将用消息提示用户	
字段列表	无	
业务规则	无	
非功能要求	直播的内容必须是可信赖的，拒绝不可靠信息	
设计约束	无	
遗留问题	直播的速度问题	

用例编号：U0004	用例名：聊天互动	作者：×××
用例描述：用户间聊天		
执行者	用户	
相关用例	无	
前置条件	用户已经选中某个直播室，该直播室的直播已经开始	
后置条件	无	
基本路径	1. 用户发言 2. 接收其他用户的发言	
备选路径	无	
字段列表	用户发表用的昵称	
业务规则	无	
非功能要求	聊天室的通信必须是可信赖的	
设计约束	无	
遗留问题	提高聊天速度	

这一部分包括了对功能模块的简单介绍，用例图和用例规约。

介绍功能模块的目的和方法与整个系统的概述相同，不在此赘述。

用例规约是对用例图的解释说明，二者搭配使用，图文并茂地描述了所需功能的各种细节，包括前置条件、后置条件、功能流程、备选路径和一些其他的要求。用例图能够形象、直观地给客户讲解该模块的功能；将用例规约用表格来记录的好处是便于概要设计者快速查找到自己关心的内容，而不需要从一大段文字里面逐行逐字地去找。特别需要注意的是用例编号，因后续的设计是基于每个用例来做的，而编号是用例最重要的标识，因此用例编号出问题会导致整个系统的开发出现混乱。

2. 奥运新闻模块

在奥运新闻模块中，可以管理和搜索奥运新闻。

新闻的管理：服务提供商可以刊登奥运28个大项目的各个小项目相关的新闻，这些新闻应该包含文字和图片；对于已经刊登的奥运新闻，可以对其进行编辑甚至是删除操作。

新闻的搜索：用户登录系统之后，可以通过关键字查找阅读感兴趣的奥运新闻。

奥运新闻模块的功能：

● 新闻的发布、编辑和删除

● 各类新闻的搜索

奥运新闻模块的用例图如图 5.3 所示。

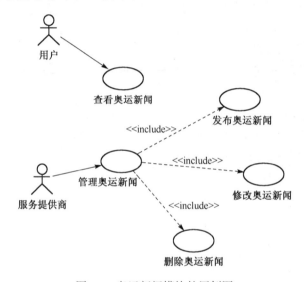

图 5.3　奥运新闻模块的用例图

各用例的用例规约

用例编号：U0005	用例名：奥运新闻管理	作者：×××
用例描述：服务提供商管理奥运新闻		
执行者	服务提供商	
相关用例	奥运新闻的发表、编辑、删除	
前置条件	选择奥运 28 个大项目中的其中一项	
后置条件	无	
基本路径	1. 发表这个项目相关的奥运新闻 2. 编辑已发表的新闻 3. 删除已发表的新闻	

（续表）

用例编号：U0005	用例名：奥运新闻管理	作者：×××
用例描述：服务提供商管理奥运新闻		
备选路径	无	
字段列表	无	
业务规则	无	
非功能要求	无	
设计约束	无	
遗留问题	无	

用例编号：U0006	用例名：奥运新闻的搜索	作者：×××
用例描述：用户搜索奥运新闻		
执行者	用户	
相关用例	无	
前置条件	选择奥运 28 个大项目中的其中一项	
后置条件	无	
基本路径	搜索该项目的相关新闻	
备选路径	无	
字段列表	无	
业务规则	新闻应该包含标题、内容和发表时间	
非功能要求	无	
设计约束	无	
遗留问题	无	

3. 奥运场馆模块

服务提供商可以发表奥运场馆信息，用户可以查询这些场馆信息。

● 包含对场馆信息的发布、编辑和删除

● 场馆信息搜索

奥运场馆模块的用例图如图 5.4 所示。

各用例的用例规约

用例编号：U0007	用例名：奥运场馆信息管理	作者：×××
用例描述：服务提供商管理奥运场馆信息		
执行者	服务提供商	
相关用例	奥运场馆信息的发布、编辑和删除	
前置条件	登录奥运场馆信息管理页面	

（续表）

用例编号：U0007		用例名：奥运场馆信息管理	作者：×××
用例描述：服务提供商管理奥运场馆信息			
后置条件	无		
基本路径	1. 发布新的场馆信息 2. 编辑已发布场馆信息 3. 删除已发布场馆信息		
备选路径	无		
字段列表	无		
业务规则	无		
非功能要求	无		
设计约束	无		
遗留问题	无		

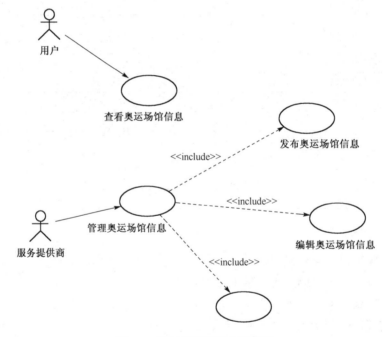

图 5.4　奥运场馆模块的用例图

用例编号：U0008		用例名：搜索奥运场馆信息	作者：×××
用例描述：用户搜索奥运场馆信息			
执行者	用户		
相关用例	无		
前置条件	已登录奥运场馆信息页面		

（续表）

用例编号：U0008	用例名：搜索奥运场馆信息	作者：×××
用例描述：用户搜索奥运场馆信息		
后置条件	无	
基本路径	选择查看已发布的场馆信息	
备选路径	无	
字段列表	无	
业务规则	无	
非功能要求	无	
设计约束	无	
遗留问题	无	

4．奥运项目模块

服务提供商可以发布和管理奥运项目模块，用户可以搜索奥运项目信息。

奥运项目模块的功能如下：

- 项目信息的管理，包括发布、编辑和删除
- 搜索项目信息

奥运项目模块的用例图如图 5.5 所示。

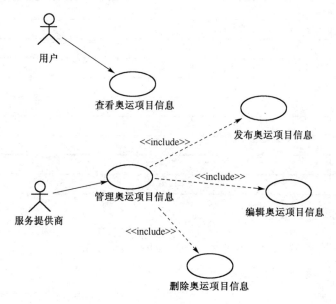

图 5.5 奥运项目模块的用例图

各用例的用例规约

用例编号：U0009	用例名：奥运项目信息		作者：×××
用例描述：服务提供商管理奥运项目信息			
执行者	服务提供商		
相关用例	奥运项目信息的发布、编辑和删除		
前置条件	登录奥运项目信息管理页面		
后置条件	无		
基本路径	1. 发布新的奥运项目信息 2. 编辑已发布奥运项目相关信息 3. 删除已发布奥运项目相关信息		
备选路径	无		
字段列表	无		
业务规则	无		
非功能要求	无		
设计约束	无		
遗留问题	无		

用例编号：U0010	用例名：搜索奥运项目信息		作者：×××
用例描述：用户搜索奥运项目信息			
执行者	用户		
相关用例	无		
前置条件	已登录奥运项目信息页面		
后置条件	无		
基本路径	选择一条已发布奥运项目信息进行搜索		
备选路径	无		
字段列表	无		
业务规则	无		
非功能要求	无		
设计约束	无		
遗留问题	无		

5. 服务提供商登录模块

服务提供商登录系统之后，才能够对相应的信息进行管理。

登录功能如下：

● 登录系统

用例图如图 5.6 所示。

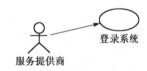

图 5.6　服务提供商登录模块的用例图

用例规约

用例编号：U0011	用例名：登录系统		作者：×××
用例描述：服务提供商登录系统			
执行者	服务提供商		
相关用例	无		
前置条件	进入 Index 页面		
后置条件	无		
基本路径	1. 输入账号和密码 2. 验证通过的情况下，转入系统管理页面 3. 账号或者密码错误的情况下，显示错误信息		
备选路径	无		
字段列表	无		
业务规则	无		
非功能要求	无		
设计约束	无		
遗留问题	无		

在需求分析阶段，一定要尽可能全面地挖掘客户需求，不要等到项目开始编码了才发现这样那样的功能也是必不可少的。问题越早被发现，其修正的代价就越小。所以在功能描述部分的重点是包含面广，它可以不深入透彻，但一定要面面俱到。

以上是本系统所有包含的所有功能模块的需求，接下来是其他的一些需求。

5.2.2 性能需求

在推荐配置下才能保证本系统拥有高并行性和大吞吐量，使用 Tomcats 的情况下并行数可以达到 80 个以上。可以支持 10000 左右用户同时访问本系统。

- 系统可以容纳 10000 左右的用户总量
- 系统的响应时间为 10 秒以下
- 系统无故障运行时间为 1 个月以上
- 系统不能出现内存泄漏的情况
- 系统自身的内存占用量不超过服务器物理内存的 10%

性能需求看似简单，但实际上却极大地影响了系统开发的难度，就如同生产两辆外形完全相同的汽车，其中一辆最高时速只有100 千米/小时，而另一辆却希望能达到300 千米/小时，这样的两辆汽车生产起来其难度是有天壤之别的。无论是普通的汽车还是最高时速为 300 千米/小时的汽车，能跑起来是它的功能需求，跑的速度是否要达到300 千米/小时就成为了它的性能需求。看似只有速度不同这一个性能需求的不同，但实际上必须采用完全不同的零部件和设计。同样，在软件开发领域，在设计的过程中，往往会根据客户的性能需求不同而采用不同的技术方案。

如果客户在计算机领域完全是个门外汉的话，有可能客户提出的性能需求是不切实际的，比如说客户希望检索1000万条数据的时间控制在0.1秒内，类似于这样的需求，在目前的软硬件条件下是无法达到的。这个时候，我们的需求分析师就应该向客户说明现实情况，协助客户制定出比较合理的性能需求。

5.2.3　非功能需求

用户界面美观、具有针对性。

所有页面在 Internet Explorer 8.0 和 Netscape Navigator 7.0 以上版本下正常显示，而且不同浏览器看到的页面外观应该相同，在操作上要易于使用。

使用Hibernate来实现数据的持久化，可以保证后台数据的独立性，也能保证系统的可移植性。

非功能需求可以认为是为了使系统更加人性化，比较容易学习和推广而提出的起修饰作用的需求。对于非功能需求，由于没有类似于 UML 的语言来描述，通常只能用自然语言来描述，在这样的情况下，把需求说明白就成为很重要的事情。不要写类似于此处出现的用户界面美观、操作上要易于使用等含糊不清的要求。如果要写，必须说清楚什么样的界面才能称得上界面美观，怎样的操作才能称得上易于使用。否则这些要求到了概要设计者那里就可能变成了他所认为的界面美观、易于使用，而非客户所认为的界面美观、易于使用。

5.2.4　故障处理

奥运综合服务系统自身的安全性比较重要，容错能力也很重要。一旦运行时发生异常，应当有信息提示。

用户无法在本系统进行违规操作。

故障处理是每个系统都必须面临的问题，强大的故障处理能力是系统健壮性的体现，是实际开发中需要花费大量精力来考虑的重要环节。一个好的需求分析书，应当对故障处理有充分的说明，尽可能多地考虑可能发生的故障。此处所说的故障并非程序的错误，而是各种异常，如断网、断电、堵塞、不当操作等环境因素导致的故障。对于各种可能出现的错误类型要有预判，并且与客户协商好处理方式。

5.3　数据需求

5.2 节之前大量的篇幅都集中在系统做什么的层面上，从现在开始转变为系统要怎么做的层面上。主要是数据、数据接口、界面等几个方面的需求。

5.3.1　在线播放模块数据需求

数据说明和数据描述

关于在线播放模块的数据说明。虽然有28个奥运大项目的直播室，通过分析发现，各直播室之间拥有相同的数据要求，数据结构如表 5.1 和表 5.2 所示。

表 5.1　直播室的数据结构

编　号	字　段　名	必　要	备　注
1	直播人的名字	Y	
2	直播人发布的内容	Y	
3	直播时间	Y	
4	直播室名称	Y	
5	直播赛事名称	Y	
6	直播室控制状态	Y	

表 5.2　聊天室的数据结构

编　号	字　段　名	必　要	备　注
1	用户名称	N	
2	用户发表的内容	Y	
3	发表时间	Y	

5.3.2　新闻模块数据需求

数据说明和数据描述

与新闻模块相关的数据，包含标题、内容和图片，其数据结构如表 5.3 所示。

表 5.3　新闻的数据结构

编　号	字　段　名	必　要	备　注
1	新闻标题	Y	
2	新闻内容	Y	
3	发表时间	Y	
4	新闻图片	N	

5.3.3   奥运场馆模块数据需求

数据说明和数据描述

奥运场馆相关的数据，包含场馆名称、场馆介绍及场馆的图片，其数据结构如表 5.4 所示。

表 5.4   场馆的数据结构

编 号	字 段 名	必 要	备 注
1	场馆名称	Y	
2	场馆介绍	Y	
3	场馆图片	N	允许多幅图片

5.3.4   奥运项目模块数据需求

数据说明和数据描述

奥运项目相关数据，包括项目名称、项目介绍和相关图片，其数据结构如表 5.5 所示。

表 5.5   项目信息的数据结构

编 号	字 段 名	必 要	备 注
1	项目名称	Y	
2	项目介绍	Y	
3	项目图片	N	只允许一幅图片

数据需求与之前提到的用例一一对应，为了实现某个用例，需要设计出相应的数据。设计出好的数据结构能够节约存储空间，提高数据库访问效率。数据需求与用例的书写思路是一样的，内容是一个简介和一个表格。简介说明数据的作用，表格列举每项的具体含义。对于数据说明，给每个字段加上编号是一个不错的方法，当字段比较多时，能够一眼看出有多少个字段对于设计者来说是很重要的，因为这样才能做到心里有数。

5.4   接口需求

5.4.1   用户接口需求

这些画面是用 JSP 或者 HTML 开发，为了能够控制用户操作的时机，必要的地方会使用 JavaScript 和 HDHTML 等动态网页技术。

1. 在线播放模块的用户界面

（1）选择直播室

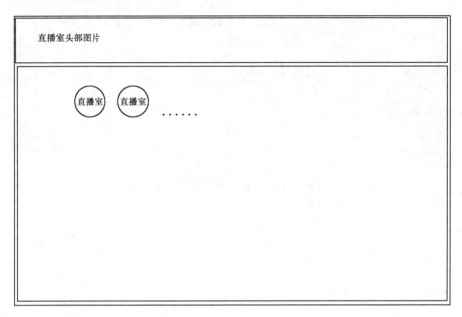

（2）直播室（用户）

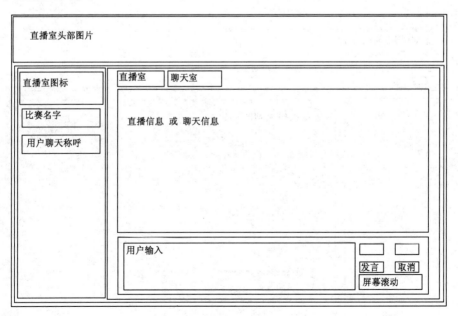

(3) 直播室(服务提供商)

```
┌─────────────────────────────────────────────────────────┐
│  直播室头部图片                                             │
│                                                           │
├───────────────┬─────────────────────────────────────────┤
│ 直播室图标      │  ┌─────────┬─────────┐                   │
│               │  │ 直播室   │ 聊天室   │                   │
├───────────────┤  ├─────────┴─────────────────────────┐   │
│ 直播室设置      │  │ 直播信息 或 聊天信息                 │   │
│ ┌───────────┐ │  │                                   │   │
│ │ 比赛名字   │ │  │                                   │   │
│ └───────────┘ │  │                                   │   │
│ ┌───────────┐ │  │                                   │   │
│ │ 直播状态   │ │  │                                   │   │
│ └───────────┘ │  │                                   │   │
│               │  └───────────────────────────────────┘   │
│               │  ┌───────────────────┬────────┬──────┐   │
│               │  │ 直播员输入          │        │      │   │
│               │  │                   ├────────┼──────┤   │
│               │  │                   │ 发言   │ 取消 │   │
│               │  │                   ├────────┴──────┤   │
│               │  │                   │ 屏幕滚动       │   │
│               │  └───────────────────┴───────────────┘   │
└───────────────┴─────────────────────────────────────────┘
```

2. 新闻模块的用户界面

用户搜索新闻的界面要求如下。

(1) 新闻分类表示

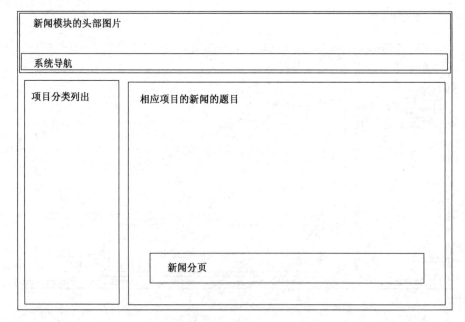

（2）新闻内容表示

面向服务提供商的画面要求如下。

（1）新闻追加

（2）新闻编辑

新闻模块的头部图片
系统导航

项目分类列出	相应项目的新闻的题目　　删除　　修改
	新闻分页

（3）新闻修改

新闻模块的头部图片

新闻的题目
具体内容
附加图片
修改　　　　　取消

3．奥运场馆介绍模块的用户界面

（1）场馆信息搜索

```
┌──────────────────────────────────────────────────────────┐
│ 场馆介绍头部图片                                          │
│ ┌──────────────────────────────────────────────────────┐ │
│ │                                                      │ │
│ └──────────────────────────────────────────────────────┘ │
│ ┌──────────────┬───────────────────────────────────────┐ │
│ │ ┌──────────┐ │     场馆介绍                            │ │
│ │ │ 场馆名字 │ │                                       │ │
│ │ └──────────┘ │                                       │ │
│ │ ┌──────────┐ │                                       │ │
│ │ │ 场馆名字 │ │                                       │ │
│ │ └──────────┘ │                                       │ │
│ │      ⋮       │                                       │ │
│ │              │                                       │ │
│ │              │                                       │ │
│ │              │                                       │ │
│ └──────────────┴───────────────────────────────────────┘ │
└──────────────────────────────────────────────────────────┘
```

（2）场馆信息的添加、删除和编辑

```
┌──────────────────────────────────────────────────────────┐
│ 场馆介绍头部图片                                          │
│ ┌──────────────────────────────────────────────────────┐ │
│ │                                                      │ │
│ └──────────────────────────────────────────────────────┘ │
│ ┌──────────────────┬───────────────────────────────────┐ │
│ │ ┌──────────────┐ │ ┌───────────────────────────────┐ │ │
│ │ │场馆名字 删除 修改│ │ │        场馆名字                │ │ │
│ │ └──────────────┘ │ └───────────────────────────────┘ │ │
│ │ ┌──────────────┐ │ ┌───────────────────────────────┐ │ │
│ │ │场馆名字 删除 修改│ │ │    场馆介绍                     │ │ │
│ │ └──────────────┘ │ │                               │ │ │
│ │      ⋮           │ │                               │ │ │
│ │                  │ └───────────────────────────────┘ │ │
│ │                  │ ┌───────────────────────────────┐ │ │
│ │                  │ │    场馆图片上传                 │ │ │
│ │                  │ └───────────────────────────────┘ │ │
│ │                  │ ┌───────────────────────────────┐ │ │
│ │                  │ │   提 交      取 消              │ │ │
│ │                  │ └───────────────────────────────┘ │ │
│ └──────────────────┴───────────────────────────────────┘ │
└──────────────────────────────────────────────────────────┘
```

4．奥运项目介绍模块的用户画面

（1）项目信息搜索

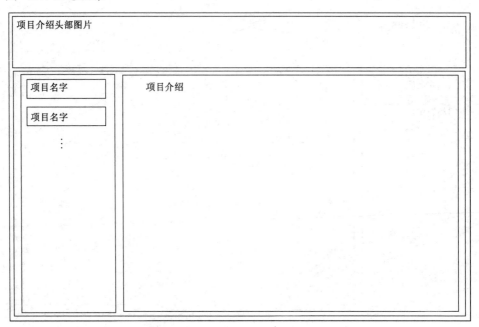

（2）项目信息的添加、删除和编辑

用户界面是客户与系统最直接的接触，因此用户界面的需求不能靠设计者的想象，而应当与客户充分沟通来确定需求。绘制系统原型是向客户展示系统用户界面是最直接、简单明了的办法。但是，原型要分清楚主次，重点在于系统的操作、输入输出信息的显示方法和位置。至于页面是否要做得与未来实际系统一模一样，这就要和客户协商。一般说来，原型和实际系统在界面上会有一定差异，但功能上区别不大。虽说是系统原型，系统的操作感和美感在此基本就已确定。最终成品的界面可能会用一些颜色或是图案来装饰页面，但是更为重要的美感是来自于布局的协调。一个人的五官也许分开看、左看、右看都觉得不怎样，但是组合在一起说不定就是一张很漂亮的面部。界面其实就如同人的长相，按钮、文本区域等就如同人的五官，我们虽然无法给漂亮的面部下定义，但是漂亮的面部都有一个共同的特点，那就是匀称。漂亮的界面如同漂亮的面部，很容易给人良好的第一印象，所以我们应该尽量做出符合大众审美的界面来。

5.4.2 数据接口需求

1. 硬件接口

由于本系统是B/S结构的系统，因此网络是必备条件之一，网络使用HTTP协议，本环境的服务器为 Windows 2000，客户端的操作系统为 Windows 2000 或 Windows XP。

2. 软件接口

客户浏览器和服务器之间的数据通信：
使用HTML的FORM表单来传递数据(可以是 Action Form Bean 也可以是普通的 Form 表单)。
用请求的参数来传递数据。
用 Session 来传递数据。
用 XML 文件来传递数据(AJAX 的方式)。

5.4.3 通信接口需求

网络通信协议为 HTTP 协议。
数据接口和通信接口需求实际上是该系统用来衔接系统所处环境的一些规定，这些规定必须被遵守，否则系统就成了离开水的鱼。

5.5 环境需求

5.5.1 运行环境需求

硬件环境
本系统运行的最低配置：
● 服务器 CPU 主频 1.6GHz 以上。

- 内存 512MB 以上。
- 硬盘至少有 10GB 可用空间。

本系统运行的推荐配置：

- 双核 CPU，主频 2.0GHz 以上。
- 内存 1GB 以上。
- 硬盘至少有 20GB 可用空间。

软件环境

- 服务器：Windows 2000（Server）/Windows XP + SP4. JDK 1.5 以上。
- Web 应用服务器：Tomcat 6。
- 数据库服务器：MySQL Server 5。
- 客户端：Windows XP、Windows 2000 等、Internet Explorer 8.0 + SP1。

5.5.2 开发环境需求

硬件环境

- 服务器 CPU 主频 1.6GHz 以上。
- 内存 512MB 以上。
- 硬盘至少有 10GB 可用空间。

软件环境

- 开发语言：Java、JavaScript、HTML。
- 采用的框架：J2EE、Struts、Hibernate、AJAX。
- 开发工具：MyEclipse 5.2、Dreamweaver 8、Uedit 32。
- 辅助工具：PhotoShop、Ration Rose。
- Web 应用服务器：Tomcat 6。
- 数据库管理系统：MySQL Server 5。

软件只有依托于计算机才能成为有意义的产品，它所依托的硬件可能是客户现有的硬件配置，也可能是客户未来会拥有的硬件设备。不管是哪种情况，使用什么样的硬件也间接地决定了系统的实现。以前的机器普遍内存小，那么怎样才能开发出内存占用少的系统就成为了开发过程中不得不面临的问题。

对于开发环境，如果客户不太了解计算机领域的话，可以由开发方推荐。有些客户是计算机领域的专家，他们可能会指定一些特定的开发环境。无论是由开发方推荐还是由客户指定，都应该在需求分析书中明确下来。

我们要注意，无论是运行环境需求还是开发环境需求，这些数据都应该是通过仔细分析系统的功能需求和非功能需求，经过慎重考虑得出来的结论。也就是说，每个数值的设定要能够给出充分的理由，而不是信手乱填。如果建议的硬件条件高了，客户会花冤枉钱，条件给低了，性能又无法满足，恰当才是关键。

▶本章小结

从本章案例中，我们不难总结出需求分析书必须具备的几大要素：设计独立性、需求追随性、必要性和实现的可能性。

设计独立性：设计独立性是指设计方法的独立性。为了实现某一个系统，我们既可以采用 Java 也可用 C++作为开发语言，既可以用 CS 也可以用 BS 的体系结构，无论选用哪种技术，都有其各自的优缺点。我们只能根据现实因素权衡利弊，做出一个唯一的决定，试图把这些技术都融合到一起，取各自所长，目前从兼容性来说还是不可能的。所以说，无论最终系统采用什么技术，其实现方法都是单一的，具有独立性。

需求追随性：需求追随性是指需求文档中提到的任何需求都应该是有原因的，或者说都应该具备必要性。大型软件功能丰富，性能要求高，不是一朝一夕就能开发出来的，通常人们会把开发周期长的项目划分成若干个子项目，独立定义每个子项目的开发计划。对于这种阶段性的需求分析书，就应只记述本开发阶段的开发需求，下一阶段的开发需求留待下一阶段的需求分析书中再记述，明确各开发阶段的需求边界。对于一个周期就能完成的软件开发，其需求分析书也只能包含那些必须要实现的功能。

只保留具有追随性的需求，其目的是为了精简系统、降低成本、提高开发效率。"不做无用功"都是我们的基本原则，让有限的资源发挥最大的作用。

可能性：在需求分析书中记述的功能或者性能需求都必须是在目前的技术水平上能实现的需求，不要为了赢得客户等目的而承诺一些不可能实现的功能。与其这样，不如一开始就从客观实际出发，承诺力所能及的需求。客户想要但确实无法实现的需求力求在需求分析阶段与客户充分沟通，说明现实。

可能性除了包含技术可能性外，还包括成本、时间、人力等开发要素的可能性。比如说客户希望在一个月内开发出一个类似于 Windows 一样优秀的操作系统，这很显然是不可能实现的，这样的需求是无论如何也不能承诺的。

由此可见，需求分析中的需求首先应该是必需的，而且是可实现的。

参考文献

[1] 史济民，顾春华，李昌武，苑荣. 软件工程：原理、方法与应用. 北京：高等教育出版社，2010

[2] 杨延双，刚冬梅，辛爽. 面向服务的综合信息服务系统的设计与实现. 北京工业大学学报，2005 年 第 31 卷　第 04 期

[3]《奥运综合服务系统》需求分析书

习题

1. 名词解释

(1) 一般约束

(2) J2EE 框架

(3) AJAX 技术

(4) 三层结构

(5) B/S 结构

2. 问答题

(1) 需求分析书必须具备的四大要素是什么？

(2) 系统描述主要是对什么的描述？

(3) 什么是非功能需求？

(4) 什么是数据需求？

(5) 什么是接口需求？

(6) 什么是环境需求？

3. 论述题

(1) 谈谈你对需求分析书必须具备的几大要素中"需求追随性"的理解。

(2) 通过本章的案例分析，你是如何理解撰写综合服务系统类的需求分析书的要点的？

(3) 参考本章的案例，试写一份综合服务系统类的需求分析书。

第6章

需求分析书案例分析三

——地铁综合信息查询系统案例分析

在第 4 章和第 5 章中，我们以《研究生教务管理系统》和《奥运综合服务系统》的需求分析书为例子，从完整性、正确性和一贯性等方面阐述需求分析书的规范写作方法，对于刚开始学习需求分析书写作方法的读者而言，是很好的入门案例。而第 6 章是对需求文档规范化写作的深化，以一个企业实际项目的需求文档为案例，从实际开发的角度来考虑如何撰写规范化的需求分析书。

本章利用《地铁综合信息查询系统》的需求分析书作为本书需求分析部分的第三个案例。该系统是一个很典型的信息查询系统，特别是在公共交通领域的信息查询方面具有很强的代表性。我们力求通过分析地铁综合信息查询系统的需求分析书，使读者能够举一反三、融会贯通，明白如何撰写公共交通类查询系统的需求分析书，进而推广到如何撰写信息查询类系统的需求分析书。

在展览馆、旅游景点、大型购物广场等公共场所，我们经常不知道自己想去的地方该往哪个方向走，如何走才能节省时间，这时候如果面前有份地图或能找到工作人员询问的话，问题就可以迎刃而解。由此可见，在公共场所，随时随地能获得相关信息是一件很重要的事情。《地铁综合信息查询系统》正是服务于广大地铁乘客，为其提供地铁及其周边相关信息的系统。地铁中的人川流不息，急匆匆的神情是大多数乘客的共性，在这样忙碌的人群中，我们往往不忍心去占用别人宝贵的时间来回答像问路一样简单的问题；而地铁的工作人员每天面对数以万计的问讯，重复着千篇一律的回答，想必他们早已厌倦了这样的问讯吧。如今，放置在地铁显眼位置的查询机，随时随地不厌其烦地为往来的乘客提供着他们想了解的信息，既不会耽误其他乘客的宝贵时间，也不会打断地铁工作人员的正常工作。案例中的《地铁综合信息查询系统》只是一个样例系统，目前还不能如前文提到的情景那样服务于大众，但作为样例，它的需求分析书仍是完整且具有代表性的。下面我们就进入它的需求分析书的分析。

6.1 概述

6.1.1 系统建设目标

在新的技术体系架构下，建立符合地铁广大乘客需要的功能强大的地铁信息查询系统，为乘客提供良好的服务，同时根据系统的要求，可以将地铁、城铁周边的公交、商业等信息提供给广大的地铁用户，实现服务于人的目的。

以人为本，从乘客的需求出发，通过在地铁站内建立一个查询信息的平台，为乘客提供最急需的信息，并且达到快速查询、信息准确、操作简单的目的。

在系统的建设中，我们充分考虑目前系统前后台的业务流程，设计出一套技术成熟、性能稳定、扩展性好的信息管理平台。

通过《地铁综合信息查询系统》的开发与实际应用，为广大乘客提供地铁相关的全方位的人性化信息，从信息化的角度提升北京地铁的服务内容和质量。

无论是地铁查询系统还是公共交通查询系统，又或是其他类型的信息查询系统，其目的都是向用户展示信息，虽然只是一种被动型的展示，由用户提问(输入查询条件)之后，得到系统的回答(显示查询结果)，但它至少向用户提供了一个获得信息的途径。所以说，信息查询类系统的建设目标(开发目标)，其本质都应该是方便快捷地向用户提供特定领域的信息。

6.1.2 用户特点

《地铁综合信息查询系统》用户分类：
● 普通市民
● 外来人员(旅游、出差等短期逗留)
● 外国人

将本系统的最终用户分为以上三类。普通市民虽然在北京生活了比较长的时间，但是由于北京城区范围广大，不可能对地铁到达的每个区域都了如指掌；对于外来人员而言，对北京的地铁及地铁周边的商贸公共信息更是陌生；对于外国人来说，也存在居住时间较长和短期停留两种情况，区别就在于他们能否看懂中文。

由于本系统面向的最终用户有不少不懂中文的外国人，因此，提供中文以外的系统界面就成为必须实现的功能之一。

无论是普通市民还是外来人员，他们当中有部分文化水平较低，也有部分视力下降的老人，希望他们也能无障碍地使用本系统。

综合以上分析，本系统的最终用户的特点可以概括为：职业范围广、文化层次跨度大、语种多变等。

无论是有形的工业产品还是无形的软件产品，其最终用户都是针对某一特定群体的，只有很好地分析与定位产品的用户群，才能依据其特点制作出如量身定做般适合的产品。对于案例《地铁综合信息查询系统》的用户群而言，用户数量大、层次跨度大是他们的特点，因而可以根据用户的特点明确软件的部分功能和性能需求。

对于公共交通类的信息查询系统而言，其用户与《地铁综合信息查询系统》类似，我们可以借鉴本系统的用户分析方法进行分类并分析其特点。

从更广义的角度来看，所有的信息查询类系统在需求分析阶段都应该对最终用户的范围、特点进行分析，力求在需求分析阶段就让客户感觉到这是一个专门为自己开发的系统。

6.1.3　约束条件

域名空间的约束：系统的运行环境、数据存储空间以及应用程序的存储均受到域名服务商的业务条款约束。

业务模式的约束：系统的前后台信息交互过程不是全自动的过程，需要后台管理员进行大量的录入工作。

在"假定和约束"部分，列出进行本软件开发工作的假定和约束，例如经费限制、开发期限等。我们可以看到，案例中的约束条件列举了系统运行和业务操作方面的约束，这些约束从另一方面补充了本系统开发中必须满足的需求。

6.1.4　建设原则

系统建设遵循的一般原则如下所述。

先进性。系统在设计思想、系统架构、采用技术、选用平台上均要具有一定的先进性、前瞻性、扩充性。在充分考虑技术先进性的同时，尽量采用技术成熟、市场占有率比较高的产品，从而保证建成的系统具有良好的稳定性、可扩展性和安全性。

实用性。在完全满足系统功能需求的前提下，充分适应现实需要与现实意义，力争做到简单、实用、人性化；对系统前台展示的数据做到基本上是后台可维护的，方便信息的发布与管理。

高可靠性。为了提高和树立信息平台良好的信誉和用户的使用效率，将对系统的可靠性进行严格的控制，争取做到系统的工作周期为 24×7 小时，并对系统的软件与数据库进行备份。

开放性。在系统构架、采用技术、选用平台方面都必须要有较好的开放性。要符合开放性要求，遵循国际标准化组织的技术标准，对选定的产品既有自己独特的优势，又能与其他多家优秀的产品进行组合，共同构成一个开放、易扩充、稳定、统一的软件系统。

可维护性。系统设计应标准化、规范化，按照分层设计，软件构件化实现。对于采用的软件构件化开发方式要满足：一是系统结构分层，业务与实现分离，逻辑与数据分离；二是以接口为核心，使用开放标准；三是构件语意描述要形式化；四是提炼封装构件要规范化。

可移植性。选择开放的应用平台，建议采用基于J2EE技术标准进行集成，建设一套与平台无关，以标准的接口与各种数据库相连的应用软件。

扩展性。由于系统是一个有偿的信息服务系统，所以在信息的访问权限控制上应该进行比较灵活的处理，以便适应将来发展的需要；系统在设计上充分考虑将来业务发展的因素，为以后扩展打下良好的基础。

6.2 系统需求

6.2.1 信息平台需求分析

信息平台的数据信息利用触摸屏及相关的显示设备进行信息的展示，同时根据系统发展的需要可以实现音频、视频等多媒体信息播放，为用户提供灵活、生动的信息服务功能。

系统主要分为英文和中文两个版本，这两个版本在展示内容上只是语言的区别，内容和形式没有区别。

1．系统功能

（1）功能分析

① 以地铁运营网络图为主线，以每个车站为查询切入点。以树状结构图对所有信息进行分级分层，充分考虑查询的易操作和易识别，级别不宜超过 5 级。

② 考虑查询对象的特点，系统应该操作简单、生动且易理解。

③ 以进站与出站为查询出发点的查询：

（a）车站站内服务设施分布。

（b）车站运营信息：首末车时间、服务电话等。

（c）对车站乘客：车站周边信息（500 米以内的主要建筑）。

④ 以目的地车站为查询出发点的查询：地铁沿线主要单位的乘车路线指导，乘车用时及票价查询。结合北京 2008 年奥运会，可特别强调奥运场馆及旅游景点的乘车导向。

⑤ 指导乘客如何使用查询机。

⑥ 嵌入多媒体文件：音频、视频及平面、三维动画文件。

⑦ 查询界面简洁清晰，主要功能突出，图文并茂，符号图形优先。

⑧ 广告的布局合理设置，避免视觉疲劳。

（2）功能说明

首页界面：

无人查询时，循环播放广告，当有任意点击时，广告结束，进入查询界面。

在无人查询时，其他页面自动跳转到此页面。

第1级界面：

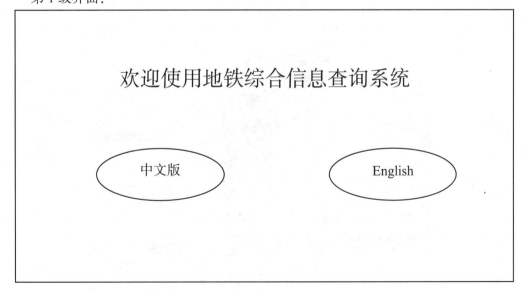

显示欢迎信息，分别点击进入不同语种界面

第 2 级界面：

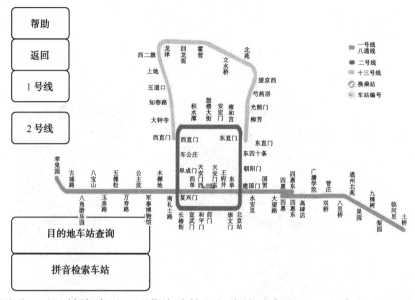

说明：图形显示地铁线路图；运营线路使用规定线路色表示，在建线路及规划修建的新线路使用虚线或点画线表示；标注线路名称；点击进入该条线路的线路图，并提示查询者当前所在站。此级包含目的地查询，点击目的地查询功能键跳转到目的地车站查询页面，指导乘客如何乘车、大概用时及票价。拼音检索车站是显示软键盘，输入拼音的前几个字符，检索车站名。

第 3 级界面：

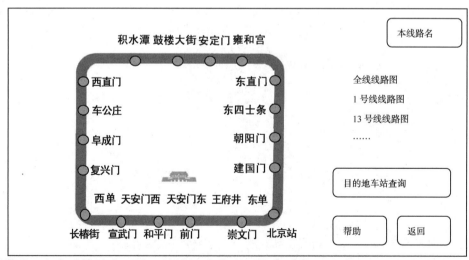

说明：点击具体站名可进入该站站内信息；点击线路图链接可进入相应线路图。

第 4 级界面：

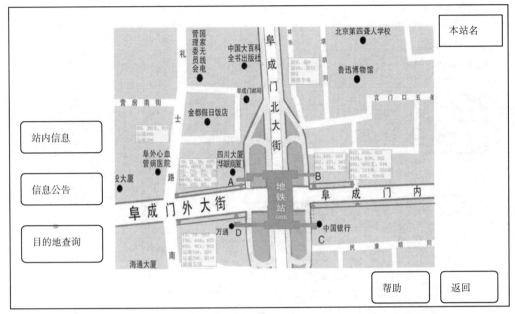

说明：进入点击的车站，显示该站周边情况，平台为电子地图，具备放大、缩小、平移功能；信息点分为商业和非商业两类，点击弹出窗口显示信息点具体内容。

站内信息：

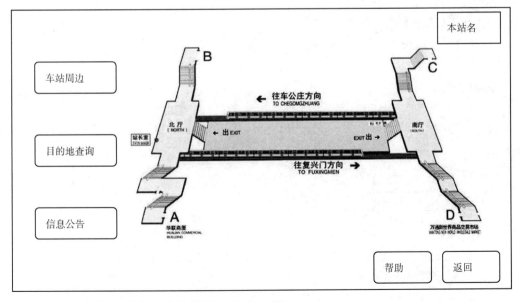

说明：站内服务设施、建筑结构、出入口等。

功能键：车站周边、目的地查询、信息公告

目的地车站查询：

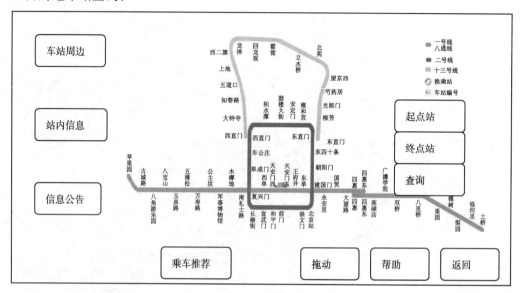

说明：一种方式是显示现运营线路，选择起点站和终点站。另一种方式是罗列全部车站，选择起点站与终点站。选择起点和终点站后，屏幕显示乘车路线推荐、票价，供乘客自己选择。全图有拖动功能。

几种车站选择的方式：

① 点击图中的标记。

② 车站列表：网络图和单条线路图。

③ 拼音输入检索车站。

第 5 级界面：

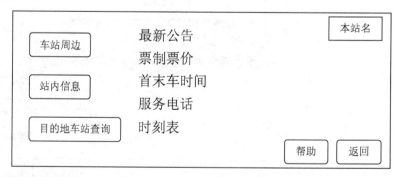

说明：显示最新公告、票制票价、首末车时间、服务电话、时刻表的信息内容。

对于信息查询系统而言，其主要作用就是按照用户给定的条件返回查询结果，与搜索引擎不同的是，信息查询系统只能提供本系统自身知识范围内的信息，无法像 Google 一类的搜索引擎一样在互联网上查询信息。

不同的信息查询系统服务的领域不同，作为本章案例的地铁综合信息查询系统其关注点就是地铁相关的信息。由于这些专门的信息查询系统一般是由相关部门研制开发的，很多专业权威的信息是在互联网上无法搜索到的，因而这种针对某个行业或某个领域的专用信息查询系统是很有必要的。

公共交通类的信息查询系统，其主要功能就是提供信息，但是，条目众多的信息应该以怎样的方式向用户展示呢？案例提供的分级展示就是一个很好的办法。

第 1 级：语言选择。

对于乘客不单是中国人的地铁系统而言，还有一定数量的外国人，他们或许来自英语国家，或许来自法语国家，他们也是地铁综合信息查询系统的最终用户，他们也应该可以享受到地铁综合信息查询系统给大家带来的便利。由于国际化的步伐日益加快，软件国际化，支持多种语言已经成为现今软件开发的通行做法。目前系统没有办法智能地自动识别出用户是哪国人及其母语是什么，所以只能让用户自己去选择能够看懂的语言。在语言选择部分，目前比较流行的做法是默认为中文页面，在页面的某个地方提供多语言选项功能；案例系统则认为选择页面语言是用户首先要决定的事情，所以将语言选择放在第 1 级。其实关于语言选择功能到底应该处在什么位置，这是没有硬性规定或者说根本就不需要强制规定的，仁者见仁，智者见智。

第 2 级：地铁全线路图。

远看山，看整体；近看山，看细节。所以第 2 级进入北京地铁线路全线路图。初到北京的乘客对具体的地名站号估计是一点感性的概念都没有，但是通过纵观全线图，对地铁的分布情况立刻了然于胸。在第 2 级的查询画面中，不但提供了地铁全线图，还应该明确地告诉用户，本系统可以提供什么方面的信息查询。在本案例中，明确表明了案例系统可以查看具体线路信息、目的地车站查询和拼音检索车站三大部分的功能。于是用户可以快速地对自己感兴趣的内容进行查询。

对于信息查询系统而言，最重要的部分就是信息的分级分类。对于 Google 一类的搜索引擎，用户必须输入一个或多个关键字才能获得系统的反馈信息。但有时候用户并不知道自己想查询哪方面的信息，他们也许只是随便浏览一下，这时候信息查询系统的大分类就显得尤其重要。大分类简单明了地给用户提供索引，就如同图书馆的图书卡一样，读者可以快速浏览图书卡来发现自己感兴趣的书本；又或许某本书自己从未听说过，通过图书卡的引导，勾起了阅读的欲望。信息查询系统的大分类就很好地充当了引路人的作用。

第 3 级：具体路线图。

读者通过图书卡终于找到了自己感兴趣的书，正打算开始仔细阅读时，突然意识到书的内容相当丰富，但是自己却没有那么多的时间从头到尾仔细阅读。这时候，图书的目录就要大显身手了，通过浏览目录可以很快地发现自己真正感兴趣的章节，快速进入主题开始阅读。同样，地铁综合信息查询系统的第3级具体路线图就如同图书的目录，简单明了地告诉用户本条地铁线路拥有哪些站点，各站点的地理位置，便于用户针对目标站点做进一步查询。

第4级：详细信息展示。

按照书的目录的提示，我们把书翻到实际的页码，终于可以津津有味地享受文化大餐了。同样，在具体路线图的指引下，我们快速定位到目标站点，开始浏览车站及其周边信息。对于地铁综合信息查询系统的最后一层信息而言，主要包括车站周边（交通、商业、公共设施等）、站内信息（站内服务设施、建筑结构、出入口等）、目的地车站查询和信息公告（最新公告、票制票价、首末车时间、服务电话、时刻表等）四大部分。

无论是地铁信息查询还是公共交通信息查询，又或是××信息查询系统，首先要给查询系统划定范围，即本系统只能提供什么领域信息的查询，该领域以外的信息一概不管。虽然人人都希望自己开发的系统功能强大，随处都能派上用场，事实证明这是不可能的。就连人类如此智能的生物，也不可能每个领域都精通，一个人只能在某个或几个领域内成为专家。同样，我们希望自己开发的软件既具有这样又具有那样的功能，这个希望是可以拥有的，但试想一次就开发出这样的软件是不现实的，不但受到时间和预算上的限制，人们想要获得某些成果的心态也决定了一个软件不可能无限期地开发下去。所以只能分阶段实施，这就是软件不断升级和完善的过程。心中怀有未来的长远目标，手头也得制订阶段性目标和实施方案，明确界定本阶段的工作内容，不做计划以外的工作。正如本案例的系统一样，未来会有更多地铁路线修建完毕，车站周边信息的粒度会更小，系统不单要运行在车站的查询机上，还可以通过个人电脑甚至是手机来查询地铁信息等，这些都是未来要实现的功能。但是对于这个版本的地铁综合信息查询系统而言，就只需要满足案例中提到的功能就可以了，至于那些未来应该具备的功能完全没有必要在本次需求分析书的系统功能部分中写到。当然，这些未来预期的功能可以作为未来展望被提及，但请千万记住，不要记录在系统功能部分中。

对于功能的描述方式可以有多种方式，国家标准（GB856T—88）推荐用IPO图（即输入、处理、输出表的形式），目前很流行的是UML的用例图，当然也可以像案例这样，单纯地使用文字加界面进行描述。无论采用何种方式，把系统包含的所有功能都清楚无歧义地列出来才是关键。

附：IPO图

图6.1是"站内信息"功能的IPO图。

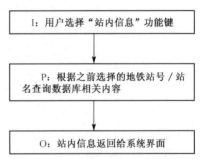

图6.1　"站内信息"功能的IPO图

2. 系统性能

（1）系统的稳定性

系统的稳定性要求尽量达到每周 24×7 小时的标准，不能时常需要重新启动服务器，满足用户时时访问的要求。

（2）系统的反应时间

系统的反应时间大部分控制在3 秒以内，以提高系统的运行效率。

（3）系统的并发控制

在一个节点的系统能够支持 1000 个在线用户，支持 100 个并发用户访问。

系统性能描述了系统非功能性的需求。对于信息查询系统而言，其性能要求是大同小异的，所以在本部分应把信息查询系统的必要性能需求和针对特定领域查询系统的独特性能需求在这里完全地记录下来。

对于服务型的系统而言，能够不间断地提供服务是这类系统必须具备的基本要求。

评价一个信息查询类的系统好与不好，除了作为核心的"内容"之外，系统的响应时间和并发性也成为了信息查询类系统的必须条件。

对于性能方面的要求如下所述。

在国家标准(GB856T—88)中，对性能的描述如下：

3.2.1 精度

说明对该软件的输入、输出数据精度的要求，可能包括传输过程中的精度。

3.2.2 时间特性要求

说明对于该软件的时间特性要求，如：

a. 响应时间

b. 更新处理时间

c. 数据的转换和传送时间

d. 解题时间；等待要求

3.2.3 灵活性

说明对该软件的灵活性要求，即当需求发生某些变化时，该软件对这些变化的适应能力，如：

a. 操作方式上的变化

b. 运行环境的变化

c. 同其他软件的接口的变化

d. 精度和有效时限的变化

e. 计划的变化或改进

对于为了提供这些灵活性而进行的专门设计的部分应该加以标明。

6.2.2 数据结构

（待实现）

6.3 总体结构

6.3.1 技术路线

1．系统平台搭建

操作系统：Windows。

数据库系统：SQL Server 2000。

运行环境：JRE。

开发语言：Java。

应用结构模式：系统的架构模式采用三层架构模式，分为客户端、业务逻辑层和数据存储层。

虽然系统的用户量很大，但是系统用户的同时访问量和数据量并不是很大，同时兼顾系统的投资和使用、维护成本，我们建议在数据库系统上采用 SQL Server 2000 标准版作为系统的数据库系统，如果为了节约投资也可以采用 MySQL（免费）作为系统的数据库系统。

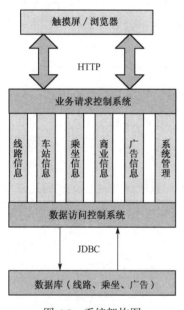

图 6.2　系统架构图

系统的 J2EE 应用服务器采用 JBoss 或 Tomcat 即可满足系统的需求，而且这两款应用服务器不但是免费的而且性能完全满足要求，易于维护。

操作系统采用 Windows 2003 Server。

6.3.2 系统组织架构

系统采用基于浏览器模式的 B/S（浏览器/服务器）架构，易于系统的维护和升级。

系统的架构图如图 6.2 所示。

该图主要描述了系统中主要的业务系统及管理系统，用户从总体上划分为外部用户和系统管理类用户。

系统的用户登录系统，对系统的服务提出请求，系统将请求以HTTP的形式发送给应用服务器，应用服务器调用部署好的服务进行请求的响应，并将响应结果返回给客户端，客户端以 HTML 的形式浏览服务器返回的数据信息。

应用服务器应用系统与数据库系统的数据访问采用 J2EE 的 JDBC 技术。

6.3.3　多语言的实现

系统采用基于 Struts 1.2 标准的技术架构体系，利用 Struts 的标签技术和多语言解决技术实现在业务逻辑上的统一处理与控制，在信息展现上实现多语言的内容展现。

6.4　用户培训

6.4.1　业务培训

系统开发完成后对系统管理员和系统的维护人员进行全面、细致的服务，包括各种信息内容的发布、修改、删除、审批等。对系统的管理进行指导。

6.4.2　技术培训

系统开发完成后我们负责实现对系统管理用户的基本技术培训，保证系统能够顺利地移交给用户进行管理和维护，同时提供系统的数据接口，实现系统将来的扩展和完善，保证系统具备极强的生命周期。

本章小结

本章以一个企业实际项目的需求文档为案例，从实际应用的角度来讲述如何撰写规范化的需求分析书。该项目是一个典型的信息查询系统的开发，在公共交通领域的信息查询方面具有很强的代表性。我们力求通过分析地铁综合信息查询系统的需求分析书，使读者能够举一反三、融会贯通，明白公共交通类的查询系统的需求分析书如何撰写，进而推广到如何撰写信息查询类系统的需求分析书。

参考文献

[1] 史济民，顾春华，李昌武，苑荣. 软件工程：原理、方法与应用. 北京：高等教育出版社，2010

[2] 邝孔武，王晓敏. 信息系统分析与设计. 北京：清华大学出版社，1999

[3] 毛保华，姜帆，刘迁. 城市轨道交通. 北京：科学出版社，2005

[4] 孙林祥，城市轨道交通乘客资讯动态显示系统. 都市快轨交通，2009

[5] 《地铁综合信息查询系统》 需求分析书

习题

1. 名词解释

(1) 用户群　　　　　　　　　(5) 可移植性
(2) 约束条件　　　　　　　　(6) 扩展性
(3) 开放性　　　　　　　　　(7) 并发控制
(4) 可维护性　　　　　　　　(8) 系统架构

2. 问答题

(1) 需求分析中为什么要分析用户特点?
(2) 信息查询系统和搜索引擎的区别何在?
(3) 信息查询系统为什么一般都采用 B/S 结构?

3. 论述题

(1) 通过本章的案例分析,你是如何理解撰写信息查询类系统的需求分析书的要点的?
(2) 参考本章案例,试写一份信息查询类系统的需求分析书。

第 7 章

概要设计书案例分析一

——研究生教务管理系统案例分析

在第 4 章、第 5 章和第 6 章中，我们以三个典型案例的需求分析书为例子，讲述了需求分析书的写作方法和技巧。根据软件开发的生命周期，完成了需求分析之后，就要进入概要设计阶段，在概要设计阶段需要撰写概要设计书。因此，本章进入软件开发中另一大类文档——概要设计书的案例分析。

概要设计是软件开发中非常重要的一个环节，它决定了软件的整体结构，决定了整个开发过程人员、时间的安排。在概要设计阶段，需要将软件系统需求转换为未来系统的设计，逐步开发强壮的系统构架，将系统进行合理的子系统、功能的分解。

以下进入案例文档分析部分。案例不是范文也不是模板，只是力图通过案例边分析边讲解概要设计书的写作规范。案例仍然沿用第 4 章使用过的《研究生教务管理系统》。我们关注的重点不在于该系统的功能是否实用，也不关注该系统的设计是否科学合理，我们将重点放在该案例系统撰写的概要设计书的文档结构和内容上，这也是本书的写作意图。

7.1 引言

7.1.1 编写目的

《研究生教务管理系统》概要设计书是在需求分析书的基础上编写出来的，主要面向系统分析员和程序员。系统分析员根据需求分析书和概要设计书对软件进行详细设计，同时，概要设计书也是系统分析员向程序员分配代码设计任务的依据。

7.1.2 背景

软件学院学生分布广，有脱产的和在职的；学年灵活，2.5～5 年内毕业都可以；档案复杂，有学校集体户口也有自主负责管理；课程设置灵活，根据科技的发展及时代的变化，会添加或删减一些课程甚至专业。由于这些不确定因素的存在，使得教务工作变得复杂而烦琐。《研究生教务管理系统》就是为了管理这些变化、减轻教务工作的负担，为学生提供一个了解学院近况、课程状态、可以与其他学生交流的平台而创建的。

项目名称：研究生教务管理系统。

项目提出者：某大学软件学院。

项目开发者：某大学软件学院软件开发小组。

7.1.3　定义

（略）

7.1.4　所参考资料

国家软件工程开发标准

《研究生教务管理系统》需求分析书

与需求分析书一样，第一部分是引言，包含编写目的、背景、定义和参考资料四部分内容。其中，编写目的"说明编写这份概要设计说明书的目的，指出预期的读者。"

虽然无论是需求分析书还是概要设计书，都是创造软件系统过程中完成的文档，它们的目的都是为了创造该软件系统。但是，由于概要设计书和需求分析书的作用完全不同，所以在编写目的这部分，应该明确概要设计书在软件开发过程中的作用与目的，并将其写入概要设计书的编写目的中。

在背景部分，可以包含以下内容：

（a）待开发软件系统的名称。

（b）列出此项目的任务提出者、开发者、用户以及将运行该软件的计算站（中心）。

不管是需求分析书还是概要设计书，它们都是为某一特定软件而创作出来的文档，其背景部分描述的都是该软件项目的开发背景、项目信息以及运行环境等，所以概要设计书的背景部分可以参考需求规定说明书来写。

在定义部分，列出本文件中用到的专门术语的定义和外文首字母组词的原词组。

在最后的参考资料部分里，列出有关的参考文件，如：

（a）本项目经核准的计划任务书或合同，上级机关的批文。

（b）属于本项目的其他已发表文件。

（c）本文件中各处引用的文件、资料，包括所要用到的软件开发标准。列出这些文件的标题、文件编号、发表日期和出版单位，说明能够得到这些文件资料的来源。

与需求分析书相同，都包含"定义"与"参考资料"，但是，由于概要设计书和需求分析书的内容不同，所以这里应该只记录概要设计书中出现的专门术语定义、外文首字母组词的原词组以及概要设计阶段参考的文献资料，不要与需求分析书中的定义、参考资料相互混淆。

作为概要设计书开篇的引言，其作用就如同小说的故事梗概一样，开篇介绍一下这个概要设计书的概貌，起到启下的作用。所以在写引言时，不需要花大篇幅、重笔墨来介绍该软件的情况，平实恰当的语言描述即可，也不需要添加图片、声音来增加它的趣味性。在定义和参考资料部分，则需要全面严谨地记录所有的定义和参考资料，此时可以采用逐条说明的方式以达到明了易懂的目的。

7.2　总体设计

7.2.1　需求规定

参见《研究生教务管理系统》需求分析书。

7.2.2　运行环境

服务器：Windows 2000 Server。

客户端：Internet Explorer 6.0。

应用服务器：Tomcat 5.5。

数据库：MySQL。

从本节的"总体设计"开始就进入对概要设计结果的总结与文档化的产物——概要设计书的核心部分。

总体设计包含了 7 部分的内容，分别是需求规定、运行环境、基本设计概念和处理流程、结构、功能需求与程序的关系、人工处理过程和尚未解决的问题。其中，基本设计概念和处理流程以及结构可以认为是概要设计书的重中之重，它最直接地体现了概要设计的结果。

系统分析师和客户在需求分析阶段经过充分讨论、反复推敲后得出的需求分析书，是其后概要设计阶段的直接加工对象。因为参与概要设计的人员往往多于需求分析阶段，而且概要设计基本上已经脱离了客户，属于纯软件开发人员的工作范畴，那些没有参加需求分析阶段的软件分析师们只能通过需求分析书来掌握待开发的软件系统的需求情况。因而需求分析书成为了软件分析师们进行概要设计的原材料，是设计的出发点，是核心。所以，在概要设计过程中，必须时刻明确需求规约的内容。这点在概要设计书中就体现在需求规定部分。

在需求规定部分，说明对本系统的主要的输入输出项目、处理的功能性能要求，概要设计书不是需求分析书，它不关注需求是什么，它的侧重点是如何实现需求，所以在概要设计书中只需告诉读者如何获得系统需求规约方面的内容即可。其实在需求规定部分，也可以简单地描述一下系统需求，起到一个"故事梗概"的作用，节约读者查找文档的时间。

运行环境可以被认为是一种制约条件，系统未来的运行环境在某种程度上决定了软件的设计方法。例如，客户计算机的操作系统为 Linux 而非 Windows，在这样的情况下，在做系统设计或开发时，就要充分了解 Linux 与 Windows 的差异，不能采用 Windows 提供的 API 进行开发，而应该使用 Linux 提供的 API。所以说，在做系统设计时，应该充分明确运行环境给设计工作带来的制约，尽可能地发扬运行环境的优势，避免软硬件的不足，做到扬长避短。

与需求规定一样，概要设计书中的运行环境部分也在需求分析中被详细地描述过，因而可以简要地说明对本系统的运行环境(包括硬件环境和支持环境)的规定，也可以提示读者参考需求分析书。这部分的写作方法与需求规约一样，在此不再赘述。

7.2.3　基本设计概念和处理流程

《研究生教务管理系统》主要功能结构如下图所示。

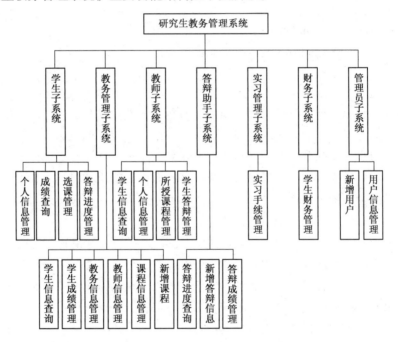

1．学生子系统概要设计

（1）功能描述

① 功能概要

该系统的最终用户为研究生院的全体学生，可供学生管理个人的信息、查询成绩、选课、查看答辩进度 4 类功能。

② 开始条件

学生已登录本系统。

(2) 处理流程(见下图)

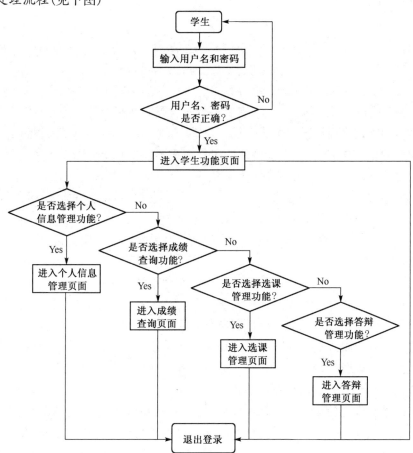

2. 教务管理子系统

(略)

3. 教师子系统

(略)

4. 答辩助手子系统

(略)

5. 实习管理子系统

(略)

6. 财务子系统

(略)

7. 管理员子系统

（略）

在基本设计概念和处理流程中，说明本系统的基本设计概念和处理流程，尽量使用图表的形式，这是描述软件系统如何实现客户需求的关键部分。

概要设计的工作内容就是确定软件系统的整体框架、处理流程，完成数据库设计，概要设计书就是概要设计阶段的最终产物，其核心部分就是对系统中每个功能的概要设计方案。

功能结构图出现在设计部分的最开始，对整个软件系统提供的功能进行总体描述，指明本系统包含的所有功能模块(功能模块的名称很重要，力图做到见名会意，而且命名应该简明贴切)，以及各模块之间的层次逻辑关系。

绘制功能结构图的目的是让人对整个系统有一个宏观的、整体的、感性的认识。古诗有云"不识庐山真面目，只缘身在此山中"，只有到达山的顶峰，才能一览众山小，才能看清山之全貌。同样，一开始就给出系统所有的功能及其之间的逻辑关系，为的就是帮助读者快速理解系统，准确定位。

在绘制功能结构图时，对于一些非常复杂的软件系统，可以将其分成若干个子系统，子系统又可以分成若干个子子系统……对于这种复杂的系统，虽然可以细化到所有不可再分的功能单位，但是这样做只会把问题复杂化，使功能结构图变得非常复杂且难于理解。正确的做法应该是仅描述自顶向下的前几层，最多不超过 5 层。因为在随后的部分会对每个子系统做进一步的分析设计，所以不需要在最开始的地方急于得到最终设计结果。这就是由浅入深、逐步深入、层层分析的思想。

在对系统的整体功能说明完毕之后就该对底层的功能单位逐个进行概要设计了。对于这些功能单位，描述其概要设计的方法有很多，可以填写表格，也可以绘制图形，当然也可以单纯地用文字进行描述(一般不会单纯地采用文字进行描述，而是采用直观的图配上简单的文字进行说明)。无论采用何种方式，直观、易懂、简洁、粒度适当是基本原则。

流程图在概要设计中具有很重要的作用，是表示业务流程最直观、最准确的方法。一个完整的流程应当包括开始、过程和结束。绘制流程图应当遵循规范，如方框代表一个处理步骤，菱形框代表一个逻辑判断条件，箭头表示一个控制流等。详细标准可参阅国家标准(GB1526—79)信息处理流程图图形符号。

流程图从业务流程的角度展现了系统的功能，但是仅有流程图还不够，还需要对功能模块的其他方面进行设计，比如采用 MVC 框架的应用程序还应该分别对界面、控制和实体进行设计。

对于界面的设计，细致准确程度应当接近最终完成。最后只需在界面上加一些装饰效果即可，只是为了让界面看起来更漂亮而已。

实体设计是基于界面上的文本框、选项等输入框展开的。每个用户输入的数据被读取后成为了什么是实体设计的主要内容。

对于控制的设计，则是基于界面上的各种菜单、按钮等触发器展开的。控制要在实体与界面之间建立起联系，因此每个按钮触发什么事件要在设计中写清，详细到涉及界面哪个部分和哪个实体即可，至于如何实现则留待详细设计时再完成。

7.2.4　结构

1. 学生子系统

No.	模块名称	功能需求	程序 ID
1	个人信息管理	创建个人基本信息 修改个人基本信息 查看个人基本信息	StudentManage_*
2	成绩查询	按照查询条件进行成绩查询 打印成绩清单	StudentScore_*
3	选课管理	已选课程查询 课程选择	StudentCourse_*
4	答辩管理	1. 查看个人答辩信息（答辩状态、论文题目等） 2. 答辩申请（开题、中期、毕业答辩） 3. 查看答辩成绩（开题、中期、毕业答辩）	StudentReply_*

2. 教务管理子系统

（略）

3. 教师子系统

（略）

4. 答辩助手子系统

（略）

5. 实习管理子系统

（略）

6. 财务子系统

（略）

7. 管理员子系统

（略）

在"结构"部分，用一览表及框图的形式说明本系统的系统元素(各层模块、子程序、公用程序等)的划分，扼要说明每个系统元素的标识符和功能，分层次地给出各元素之间的控制与被控制关系。

为什么要给每个系统元素配上标识符呢？由于大多数的编程语言只能够识别英文字

母和数字，以及少数的特殊符号，所以必须给用文字描述的功能模块配上相应的标识符，方便未来实际编程时使用。良好的命名规则有利于未来代码的阅读，不要随便地用"abc"这样毫无意义的字母来给模块命名。

7.2.5　人工处理过程

（略）

7.2.6　尚未解决的问题

（略）

在"人工处理过程"中，说明在本软件系统的工作过程中不得不包含的人工处理过程（如果有的话）。

软件系统的投入使用在一定程度上使人们的工作变得简单轻松，但是想达到如科幻电影般的完全智能，目前看来还不太现实，在某些领域的应用中，还需要人类与软件系统共同协作来实现一些特定的功能。例如，每学年的开始，都有大批的新同学入学，教务老师要为每个新学生建立初始用户，如果一个一个用户地创建（创建的流程：选择"新建"，输入用户名、密码，提交），这将是一件费时又费事的工作。如果系统能够提供一个批量创建的功能（例如，在一个Excel文件中把用户名、密码按照一定的格式全列出来，然后选择"批量创建"），这将会大大提高工作的效率。

对于这些需要人工参与的处理过程，在概要设计书中要明确地写下来，而且应该是完全的，即不能因为存在人工处理而觉得太简单或者理所当然地没有被记录下来。

人工处理中相关的道具也应该被文档化，例如刚才提到的用于批量创建的文件，该文件的格式必须被明确定义，因为未来代码的具体实现方法会因为文件格式的不同而不同，所以文件格式必须在编码之前就决定下来。

在"尚未解决的问题"部分，说明在概要设计过程中尚未解决而设计者认为在系统完成之前必须解决的各个问题。分条列举，紧急度由高到低。如果没有，可以不写。

7.3　接口设计

7.3.1　用户接口

（1）进入《研究生教务管理系统》主页面，用户输入ID和密码，只有输入正确才能进入系统。

（2）在做新建和更新类操作时，只有输入合法的内容才能成功地编辑内容。

7.3.2　外部接口

(1) 服务器端配置、运行环境如 2.2 节所述。

(2) 客户端必须安装浏览器，如需要打印，还必须安装打印机。

7.3.3　内部接口

采用面向对象设计思想，采用类的继承、多态等方式，提高代码的复用程度。

接口包括用户接口、外部接口和内部接口三部分。其中，在用户接口部分说明将向用户提供的命令和它们的语法结构，以及软件的回答信息。

人借助软件来驱动硬件完成一些特定的操作和功能，人如何操作软件、软件给用户什么反馈信息，人与软件的交互方式、方法就成为我们所说的"用户接口"。比如以前的 DOS 系统，输入某个命令，返回该命令的执行结果。命令集、结果说明都是用户接口的内容。如果比较多的话，通常会单独做成用户手册供用户使用。

在外部接口部分，说明本系统同外界的所有接口的安排，包括软件与硬件之间的接口、本系统与各支持软件之间的接口关系。

功能复杂的软件系统不是仅凭一台计算机就能实现所有的功能，比如说，具有打印功能的软件系统，如果主机没有和打印机相连，没有安装打印机驱动程序，那么就无法利用系统的打印功能。所以在外部接口部分，应该描述系统与其他硬件软件系统的连接情况，为了让系统流畅地运行起来，需要具备什么硬件条件，是否需要打印机、扫描仪等其他硬件设备，是否需要 Office、Adobe Reader 等软件一起协同工作，把该系统用到的所有外部软、硬件都记录下来。可以绘制表格，也可以逐条列举，但要分门别类。

在内部接口部分，说明本系统之内的各个系统元素之间的接口安排。

从编程的角度来看，一个方法的代码行数不应该太长，当代码很多时就应该被拆分成若干个小方法；一个系统也不能由一个类来完成，应该按功能拆分成若干个子类，并且充分利用类的继承、多态等方式实现代码的复用。这些相互协作的类、模块之间如何通信，就成为了该系统内部接口需要描述的问题。用 UML 的类图来描述这个问题是比较值得推荐的方法。

7.4　运行设计

7.4.1　运行模块组合

(1)《研究生教务管理系统》的所有7个模块在服务器启动时完成所有模块的加载工作，随时等候用户的调用。

(2) 不同的用户根据权限的不同调用不同的模块。

7.4.2　运行控制

（1）在页面上，通过鼠标点击触发相应的操作。

（2）在页面上，也可以通过 Tab 键、回车键等功能键完成某些特定的功能。

7.4.3　运行时间

无特殊要求。

运行设计主要是描述软件系统在运行时表现出来的形态。主要包括运行模块组合、运行控制和运行时间三部分。

其中，在运行模块组合部分，说明对系统施加不同的外界运行控制时所引起的各种不同的运行模块组合，说明每种运行所历经的内部模块和支持软件。

对于一个比较复杂的软件系统，某些特定用户可能只使用其中的部分功能，比如案例中的学生用户，他们只会用到《研究生教务管理系统》中的学生子系统，其他的如教师子系统、教务管理子系统等是不能使用的。这部分的描述从另一个侧面揭示了软件系统关于用户权限的设计问题。

在运行控制部分，说明每种外界的运行控制的方式、方法和操作步骤。

这部分内容关注的是用户的操作，强调用户如何利用系统来实现自己的要求。在需求分析阶段，通过与客户沟通掌握了客户在操作方面的需求，比如说不想利用键盘而是想借助手写板来输入文字等。这些方面的需求在实现阶段是不能被忽略的，因而在运行控制部分对这类需求的实现做一个铺垫。

在运行时间部分，说明每种运行模块组合将占用各种资源的时间。由此可见，本部分关注的是该软件系统在运行时间上的要求。在需求分析书中的性能要求部分，对软件系统的时间要求已经被明确记录。那么，在概要设计书的运行时间部分，就是对时间性能的进一步规定与设计。它应该详细到具体某个功能、某个动作的运行时间要求。按功能逐级地绘制表格来描述运行时间是个不错的方法，它清晰易懂。如果在运行时间上没有特殊要求的话，也可以不用写。

7.5　系统数据结构设计

7.5.1　逻辑结构设计

《研究生教务管理系统》总共设计出如下 7 个表。

1. ce_org_table

No.	字 段 名 称	类 型	Size	NULL	主 键	说 明
1	ce_org_id	INT	4		1	答辩 ID
2	ce_org_time	DATETIME	8			答辩时间
3	ce_org_place	CHAR	50	可以		答辩地点
4	ce_org_status	NVARCHAR	50			答辩类型
5	ce_org_alive	CHAR	10	可以		答辩状态

2. ce_table

No.	字 段 名 称	类 型	Size	NULL	主 键	说 明
1	ce_stu_id	CHAR	20		1	
2	ce_subject	CHAR	60	可以		
3	ce_start_file	CHAR	50	可以		
4	ce_start_time	DATETIME	8	可以		
5	ce_start_confirm_comtea	INT	4			
6	ce_start_confirm_schtea	INT	4			
7	ce_start_select_time	DATETIME	8	可以		
8	ce_start_final_time	DATETIME	8	可以		
9	ce_start_grade	NCHAR	10	可以		
10	ce_middle_file	CHAR	50	可以		
11	ce_middle_time	DATETIME	8	可以		
12	ce_middle_confirm_comtea	INT	4			
13	ce_middle_confirm_schtea	INT	4			
14	ce_middle_select_time	DATETIME	8	可以		
15	ce_middle_final_time	DATETIME	8	可以		
16	ce_middle_grade	NCHAR	10	可以		
17	ce_ultimate_file	CHAR	50	可以		
18	ce_ultimate_time	DATETIME	8	可以		
19	ce_ultimate_confirm_comtea	INT	4			
20	ce_ultimate_confirm_schtea	INT	4			
21	ce_ultimate_select_time	DATETIME	8	可以		
22	ce_ultimate_final_time	DATETIME	8	可以		
23	ce_ultimate_grade	NCHAR	10	可以		
24	ce_start_chang_time	DATETIME	8	可以		
25	ce_new_subject	CHAR	60	可以		
26	ce_new_start_file	CHAR	50	可以		

No.	字 段 名 称	类　　型	Size	NULL	主 键	说　　明
27	ce_new_start_confirm_comtea	INT	4			
28	ce_new_start_confirm_schtea	INT	4			
29	ce_status	NCHAR	20	可以		
30	ce_start_status	NVARCHAR	500	可以		
31	ce_middle_status	NVARCHAR	500	可以		
32	ce_ultimate_status	NVARCHAR	500	可以		

3．cou_select_table

No.	字 段 名 称	类　　型	Size	NULL	主 键	说　　明
1	cou_select_couid	CHAR	20		1	
2	cou_select_stuid	CHAR	60		2	
3	cou_select_grade	INT	4	可以		

4．cou_table

No.	字 段 名 称	类　　型	Size	NULL	主 键	说　　明
1	cou_id	INT	4		1	
2	cou_name	CHAR	30			
3	cou_tea_id	CHAR	50			
4	cou_date	VARCHAR	50			
5	cou_unit	CHAR	20	可以		
6	cou_attribute	CHAR	10			
7	cou_point	INT	4	可以		
8	cou_alive	INT	4	可以		

5．stu_table

No.	字 段 名 称	类　　型	Size	NULL	主 键	说　　明
1	stu_id	CHAR	10		1	
2	stu_name	CHAR	20			
3	stu_pid	CHAR	50			
4	stu_sexual	CHAR	10			
5	stu_nation	CHAR	20	可以		
6	stu_year	INT	4	可以		
7	stu_birthday	DATETIME	8	可以		
8	stu_class	CHAR	10	可以		

（续表）

No.	字 段 名 称	类 型	Size	NULL	主 键	说 明
9	stu_polity	CHAR	10	可以		
10	stu_home_address	CHAR	50	可以		
11	stu_home_mailid	CHAR	10	可以		
12	stu_mobile	CHAR	50	可以		
13	stu_home_phone	CHAR	50	可以		
14	stu_dorm_phone	CHAR	50	可以		
15	stu_mail	CHAR	50	可以		
16	stu_marriage	INT	4			
17	stu_mentor_company	CHAR	20	可以		
18	stu_mentor_school	CHAR	20	可以		
19	stu_intership	INT	4			
20	stu_finance	INT	4			
21	stu_major	CHAR	50	可以		

6．tea_table

No.	字 段 名 称	类 型	Size	NULL	主 键	说 明
1	tea_id	CHAR	10		1	
2	tea_name	CHAR	20			
3	tea_name	CHAR	50			
4	tea_sexual	CHAR	10			
5	tea_nation	CHAR	50	可以		
6	tea_birthday	DATETIME	8	可以		
7	tea_office_address	CHAR	50	可以		
8	tea_polity	CHAR	10	可以		
9	tea_home_address	CHAR	50	可以		
10	tea_home_mailid	CHAR	10	可以		
11	tea_mobile	CHAR	50	可以		
12	tea_home_phone	CHAR	50	可以		
13	tea_office_phone	CHAR	50	可以		
14	tea_mail	CHAR	50	可以		
15	tea_marriage	INT	4			
16	tea_education	CHAR	10	可以		
17	tea_post	CHAR	10	可以		

7. usr_table

No.	字 段 名 称	类　　型	Size	NULL	主 键	说　　明
1	us_id	CHAR	10		1	
2	us_passwd	CHAR	10			
3	us_passwd_tea	INT	4			
4	us_passwd_ea	INT	4			
5	us_passwd_as	INT	4			
6	us_passwd_int	INT	4			
7	us_passwd_fin	INT	4			
8	us_passwd_ad	INT	4			
9	us_passwd_stu	INT	4	可以		

7.5.2　物理结构设计

《研究生教务管理系统》在 MySQL 上只建立一个物理数据库，命名为 EASystem。

7.5.3　数据结构与程序关系

（1）学生子系统关联表：ce_org_table、ce_table、cou_select_table、stu_table、usr_table。

（2）教师子系统关联表：cou_select_table、cou_table、stu_table、tea_table、usr_table。

系统数据结构设计部分包含三部分：逻辑结构设计要点、物理结构设计要点和数据结构与程序的关系。其中，在逻辑结构设计要点中，给出本系统内所使用的每个数据结构的名称、标识符以及它们之中每个数据项、记录、文卷和系的标识、定义、长度及它们之间的层次或表格的相互关系。

数据结构是计算机存储、组织数据的方式。通常情况下，精心选择的数据结构可以带来更高的运行或者存储效率的算法，所以，优秀的软件设计师能够根据系统的业务特点、业务数据来设计数据结构，以期达到节约计算机时空资源的目的。

在物理结构设计要点中，给出本系统内所使用的每个数据结构中每个数据项的存储要求、访问方法、存取单位、存取的物理关系(索引、设备、存储区域)、设计考虑和保密条件。

随着软件开发语言的发展，基础类库的完善，现在开发的应用软件已经很少需要在系统中做物理结构设计了。

在数据结构与程序的关系中，说明各个数据结构与访问这些数据结构的形式，这里主要是如何利用数据结构的问题，这都是与系统设计紧密相关的内容，从文档的角度来说，只要清晰明了地记述明白即可。

7.6　系统出错处理设计

7.6.1　出错信息

本系统将错误分为两种：业务错误和系统错误。

业务错误是指用户在本系统的使用过程中，违反业务要求进行的操作。例如，在新建一个学生信息时，在输入学生性别时，输入了男/女以外的文字，这类操作就称为业务错误。

系统错误是指数据库连接断开、系统意外停机等不可避免的意外事故。

通过弹出对话框（或者其他形式）的方式向用户报告业务错误，提醒用户修正该错误，保证业务处理正常完成。

对于系统错误，本系统将采用日志来记录错误信息。日志不但记录着系统出错时的错误信息，还记录着系统日常运行过程中所产生的所有正常行为。系统管理员通过查看日志文件了解系统的运行情况，做出相应处理。

7.6.2　补救措施

定期对数据进行备份。采用硬盘做备份设备，使用MySQL提供的备份功能定期对数据库进行备份。一旦系统遭到意外破坏，用该备份文件进行恢复，本系统未提供自动恢复功能，只能由系统管理员手动进行恢复。

7.6.3　系统维护设计

定期重启服务器。保证服务器每周（或其他周期）重新启动一次，重启之后进行复查，确认服务器已经启动了，确认服务器上的各项服务均恢复正常。对于没有成功启动或服务未能及时恢复的情况要采取相应措施妥善解决。

服务器优化，包括整理系统空间和性能优化。定期删除系统备份文件，卸载不常用的组件，最小化C盘文件。在性能优化方面，删除多余的开机自动运行程序；减少预读取，减少进度条等待时间；调整虚拟内存；内存优化；修改CPU的二级缓存；修改磁盘缓存等。

概要设计书最后一部分的内容为"系统出错处理设计"，人人都希望自己开发的系统具有很强的健壮性，没有强大而完善出错处理的系统是无论如何也不会具有健壮性的。系统无法规范用户的行为，它无法让用户在输入年龄的文本框中只输入合法的年龄数字而不输入系统无法识别的其他字符。虽然不能规范用户行为，但可以在用户非法输入时给出错误提示，提醒用户修改他们输入的内容。这也是保证系统健壮性的一方面内容。

系统出错处理设计包含三部分内容，它们是出错信息、补救措施和系统维护设计。其中在出错信息部分，用一览表的方式说明每种可能的出错或故障情况出现时，系统输出信息的形式、含义及处理方法。这部分其实就是定义本系统的错误报告。例如我们在使用微软的某些产品时，在某些特定条件下发生了错误，这时候往往能看到一个对话框，询问是否发送错误报告，我们还可以查看错误报告。这份错误报告对于用户来说虽然几乎无法读懂，但是对开发者来说却是发现问题的宝贵资料。通过查询事先定义好的错误代码等信息，就能定位软件系统发生错误的具体位置，从而找到相应的对策。

如何划分错误类型、如何定义错误代码等不是本书要讨论的问题，我们只关注如何记录这些出错信息才能让开发者或者未来的系统维护员易于发现问题、解决问题。正如国家标准所说的，"用一览表"的方式来记录，这是一种清晰明了的记录方式，值得推荐。

在补救措施部分，说明故障出现后可能采取的变通措施，包括：

(a) 后备技术说明准备采用的后备技术，当原始系统数据万一丢失时启用的副本的建立和启动的技术，例如周期性地把磁盘信息记录到磁带上去就是对于磁盘媒体的一种后备技术。

(b) 降效技术说明准备采用的后备技术，使用另一个效率稍低的系统或方法来求得所需结果的某些部分，例如一个自动系统的降效技术可以是手工操作和数据的人工记录。

(c) 恢复及再启动技术说明将使用的恢复再启动技术，使软件从故障点恢复执行或使软件从头开始重新运行的方法。

系统运行过程中发生了错误，我们不能置之不理，必须采取有效的措施进行补救。至于如何补救，这是系统设计师们的工作。在概要设计书中只需要把设计师们最终得出的所有补救措施完整、详细地记录下来才是关键。除了文字记录以外，必要时可以辅以图形说明。

在系统维护部分，说明为了系统维护的方便而在程序内部设计中做出的安排，包括在程序中专门安排用于系统的检查与维护的检测点和专用模块。

▶本章小结

根据案例我们看到，概要设计是宏观的、全局的设计，注重软件开发的模块化。一方面秉承面向对象的思想，使得代码重用率提高，实现软件工业化，降低开发周期，提高开发效率。另一方面，将复杂的软件划分为若干简单的模块，使得多人合作开发变得更为简单明了和有序，能够降低开发难度和风险。所以，概要设计不是"大概"的设计，而是宏观的设计，虽然并不深入细节，但是要保证这些方案都是确实可行且是最优的。

参考文献

[1] 史济民，顾春华，李昌武，苑荣. 软件工程：原理、方法与应用. 北京：高等教育出版社，2010

[2] 王兴芬等. 基于校园网络的综合教务管理系统的设计与实现. 东北农业大学学报，2000，31(1)

[3] 潘蕾. 网上教务管理系统的设计与实践，实验室研究与探索，2000，(2)

[4] 吴会丛，秦敏，赵玲玲. 高校教务管理信息系统的设计与实现. 河北工业科技，2001，70(18)

[5] 《某高校研究生教务管理系统》概要设计书

习题

1．名词解释

(1) 功能结构图   (5) 内部接口

(2) 处理流程   (6) 外部接口

(3) 控制流   (7) 运行控制

(4) 用户接口   (8) 物理数据库

2．填空题

流程图在概要设计中具有很重要的作用，是表示业务流程最直观、最准确的方法。一个完整的流程应当包括（　　）、（　　）和（　　）。绘制流程图应当遵循规范，如（　　）代表一个处理步骤，菱形框代表一个（　　），箭头表示一个（　　）等。

3．问答题

(1) 概要设计的总体分析分为哪几个部分？

(2) 为什么概要设计过程中必须时刻明确需求规约的内容？

(3) 为什么要给每个系统元素配上标识符？

(4) 系统数据结构设计部分包含三部分：逻辑结构设计要点、物理结构设计要点和数据结构与程序的关系。其中，在逻辑结构设计要点中，应该记录哪些内容？

4．论述题

参考本章的案例，试写一份《本科生教务管理系统概要设计书》。

第8章

概要设计书案例分析二

——办公自动化系统案例分析

本章以《办公自动化系统》的概要设计书为例子，进一步讲述概要设计书的写作方法和技巧。在概要设计阶段，需要将软件系统需求转换为未来系统的设计，逐步开发强壮的系统构架，将系统分解为模块和库。下面我们进入案例文档部分。案例不是范文也不是模板，只是力图通过实例边分析边讲解概要设计书的写作规范。

案例系统是一个学生开发小组根据课程要求自行开发的《办公自动化系统》。我们关注的重点不在于该系统的功能是否实用，也不关注该系统的设计是否科学合理，我们将重点放在针对该案例系统撰写的概要设计书的文档结构和内容上。

接下来就正式进入案例文档部分。

8.1 引言

8.1.1 编写目的

《办公自动化系统》概要设计书是在需求分析书的基础上编写出来的，主要面向系统分析员和程序员。系统分析员根据需求分析书和概要设计书对软件进行详细设计，同时，概要设计书也是系统分析员向程序员分配代码设计任务的依据。

8.1.2 背景

随着计算机的普及，越来越多的企业通过引入计算机系统来规范企业的生产过程、管理企业人力物力资源，借此达到提高企业工作效率的目的。在这样的大背景下，针对企业特点打造的办公自动化系统能最大程度地帮助企业摆脱传统的以纸质为媒介的工作方式，方便高效地管理企业日常工作，帮助员工从日常烦琐的工作中解放出来。

项目名称:《办公自动化系统》

任务提出者:××开发小组

开发者:××开发小组

用户:××工作小组

8.1.3　定义

（略）

8.1.4　所参考资料

国家软件工程开发标准

《办公自动化系统》需求分析书

文档开头的引言部分对于整个文档而言，其作用可以用"开篇名义"来形容。在文档的开头部分就表明文档的写作目的、背景和参考资料，使得读者对文档有一个整体的感性认识。概要设计书的重点虽然是描述待开发软件的概要设计结果，主旨以外的写作目的、背景和参考资料其实可以省略，但是写下来可以时刻提醒作者现在正在做什么，也可以让读者，尤其是第一次接触概要设计书的读者更加明确概要设计书的写作目的、系统开发的背景和可以参考的资料等相关信息。

8.2　概要设计

8.2.1　需求规定

参见《办公自动化系统》需求分析书。

8.2.2　运行环境

服务器：Windows 2000。

客户端：Internet Explorer 6.0。

应用服务器：Tomcat。

数据库：Oracle 9i。

系统分析师和客户在需求分析阶段经过充分讨论之后写出了需求分析书，其后的概要设计就是针对需求分析书中得出的所有需求逐个进行概要设计并形成文档。系统的需求规定是概要设计阶段的加工素材，是设计的出发点，是核心。概要设计是对需求规定进行分析设计的，所以在概要设计过程中，必须时刻明确需求规约的内容。概要设计书不是需求分析书，它不关注需求是什么，它的侧重点是如何实现需求，所以在概要设计书中只需告诉读者在如何获得系统需求规约方面的内容即可。其实在需求规定部分，也可以简单地描述一下系统需求，起到一个"故事梗概"的作用，节约读者查找文档的时间。

运行环境可以被认为是一种制约条件，系统未来的运行环境在某种程度上决定了软件的设计方法。例如，客户计算机的操作系统为 Linux 而非 Windows，在这样的情况下，在做系统设计或者开发时，就要充分了解 Linux 与 Windows 的差异，不能采用 Windows 提供的 API 进行开发，而应该使用 Linux 提供的 API。所以说，在做系统设计时，应该充分明确运行环境给设计工作带来的制约，尽可能地发扬运行环境的优势，避免软硬件的不足，做到扬长避短。

从编写目的写到运行环境，篇幅不少却一直未入概要设计的正题，这可以理解为文学写作上的"铺垫"作用，简单明了地由需求分析阶段过渡到概要设计阶段。

在撰写编写目的到运行环境这部分内容时，内容要从简，点到即止，因为在需求分析书中已经对这些内容做了足够充分的说明，在此只需要概要性地提及即可。其实单纯地从概要设计书的功能上来看，这部分的内容是可以省略的，使系统分析师的注意力集中在系统功能的设计上。

8.2.3　功能概要一览

为了使企业内部人员能够方便快捷地共享信息，高效地协同工作，改变过去复杂、低效的手工办公方式，本系统设计了以下 N 个主要功能模块。

详细功能如下所述。

管理员、用户	登　　录	
人事管理	浏览个人基本信息	
	修改个人基本信息	
	变更员工职务	
	员工奖惩信息	
	员工考核信息	
	员工工资信息	
工作计划管理	员工的工作计划	
	本人的工作计划	
员工管理	浏览个人基本信息	
	编辑个人基本信息	
		增加用户
		管理用户
		维护个人信息
员工权限管理设置	工作计划权限	
	公布公告权限	
	基本文件权限	
	职务变更权限	
	编辑奖惩权限	
	编辑审查权限	
	薪水编辑权限	
	用户管理权限	

8.2.4 功能层次图

在系统主页面上，列出了本系统所能提供的 5 大功能，在登录本系统之后，依据员工权限的不同，可以跳转到本系统的其他业务功能页面。

功能层次如图 8.1 所示。

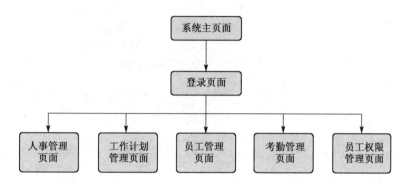

图 8.1 功能层次图

概要设计书的核心部分是系统中每个功能的设计方案。在设计部分的最开始，通常要对整个项目功能进行总体描述，指明本系统包含的所有功能模块(功能模块的名称很重要，争取做到见名会意，而且命名应该简明贴切)，以及各模块之间的层次逻辑关系。

系统功能概要一览的目的是让人对整个系统有一个宏观的、整体的、感性的认识。如果把人的眼睛蒙上，再用飞机把人直接空降到深山老林中，从蒙眼布揭开的那一刹那开始，他就已经无法分辨东西南北了。这时候需要做的就是尽量找到一个制高点，从高处眺望四周，纵览全局，明确自己当前所处的位置。只有这样，才能发现突破口，找到出去的路。同样，一开始就给出系统所有的功能及其之间的逻辑关系，为的就是帮助读者快速理解系统，准确定位。

描述系统功能的方法有很多，可以填写表格，也可以绘制图形，当然也可以单纯地用文字进行描述(一般不会单纯地采用文字进行描述，而是采用直观的图配上简单的文字进行说明)。无论采用何种方式，直观、易懂、简洁、粒度适当是基本原则。有些系统可能非常复杂，整个系统可以分成若干个子系统，子系统又可以分成若干个子子系统……对于这种复杂的系统，虽然可以细化到所有不可再分的功能单位，但是这样做只会把问题复杂化，使系统图变得非常复杂难于理解。正确的做法应该是仅描述自顶向下的前几层，最多不超过三层。因为在随后的部分会对每个子系统做进一步的分析设计，所以不需要在最开始的地方急于得到最终设计结果。这就是由浅入深、逐步深入、层层分析的思想。

8.3　各子系统概要设计

8.3.1　登录

1．功能

（1）功能概要

只有登录系统之后才能利用本系统提供的功能。如果员工还未成为本系统的用户，就必须先注册再登录。已经注册过的员工通过输入ID和密码登录本系统之后，就可以在用户权限的范围内使用本系统提供的功能。

（2）开始条件

（略）

在对系统进行充分地总体描述之后，就该进入实质性的对各个具体模块的概要设计部分了。子系统与子系统之间的关系可能是平等的，可能是互相依赖相互调用的，也可能是整体与部分的包含关系。无论它们之间是何种关系，对子系统进行分析设计的方法都是一样的，区别只是在于各个系统的功能不同。

功能概要部分解释该子系统的具体作用，它应该全面地记录该子系统能够提供的所有功能。虽然通过子系统的名称可以大概了解子系统的功能，但是，当该子系统的功能比较复杂而庞大时，一个简单的名词往往无法全面地概括功能。例如"考勤管理"，一看到这个名词，人们很容易想到可以用它来记录员工上下班的情况，至于"加班申请"这样的功能就不那么容易想到了。所以，在功能概要部分应该写下该子系统能够提供的所有功能，可以不具体深入描述，但一定要面面俱到。

2．页面跳转

页面跳转（如下图所示）描述的是一种业务操作流程，以页面为单位展现子系统包含的所有操作以及它们的先后关系。

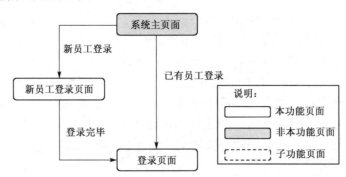

流程图也是展现子系统功能的传统方法，流程图是表示流程的最直观、最准确的方法。一个完整的流程应当包括开始、过程和结束。绘制流程图应当遵循规范，如方框代表一个处理步骤，菱形框代表一个逻辑判断条件，箭头表示一个控制流等。详细标准可参阅国家标准(GB 1526—79)信息处理流程图图形符号。

流程图表现了完成功能所需的步骤，但是仅有流程图还不够，还需要对流程中的每步进行设计。采用 MVC 框架的应用程序应分别对界面、控制和实体进行设计。

对于界面的设计，细致准确程度应当接近最终完成。最后只需在界面上加一些装饰效果即可，只是为了让界面看起来更漂亮而已。

对于实体的设计，是基于界面上的文本框、选项等输入框展开的。每个用户输入的数据被读取后成为了什么是实体设计的主要内容。

对于控制的设计，则是基于界面上的各种菜单、按钮等触发器展开的。控制要在实体与界面之间建立起联系，因此每个按钮触发什么事件要在设计中写清，详细到涉及界面哪个部分和哪个实体即可，至于是如何实现的，留待详细设计时再完成。

控制还需要对在界面上输入的数据进行交验筛选，不符合要求的不予处理。所以校验信息列表也是必不可少的。

3. 新员工登录页面

(1) 页面 ID 和页面布局

页面布局(如下图所示)是概要设计中很重要的一个环节，在概要设计阶段确定的界面布局、风格，基本上就成为了日后系统的参考依据。界面设计合理、风格或者简约大方或者丰富多彩、色彩和谐悦目等这些外观的要求，不要留待系统编码时才开始考虑，详细设计和编码阶段的关注点是"如何实现"而非"实现什么"。

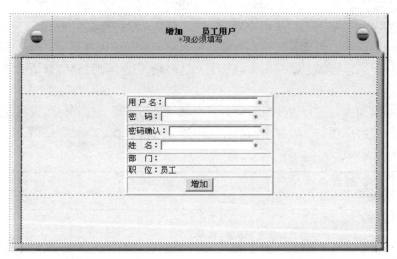

在做界面原型时，不一定要用未来实际开发用的工具(或者开发语言)来创作界面，可以用 Excel、VB、HTML 静态页面等各种各样的方式来绘制。绘制的过程不是重点，最终画出来的结果界面才是关注的焦点。原型界面和实际界面应该是 1∶1 等比例的效果，这样的原型界面才会比较有价值。

绘制原型界面从感性的角度描述了子系统的功能，帮助读者理解系统。

(2) 功能项目定义和操作

No.	项 目 名 称	功 能 跳 转	表 示 变 换	类　型
1	共同部分	参照主页面		菜单
2	提出	对输入项目进行校验		菜单
		跳转到登录页面		

(3) 输入/输出 (I/O) 项目一览

No.	项 目 名 称	操作(I/O)	类　型	备　注
1	用户名	I	字符	
2	密码	I	字符	
3	密码确认	I	字符	
4	性别	I	字符	
5	电话号码	I	字符	
6	电子邮箱	I	字符	
7	住所	I	字符	
8	邮编	I	数字	

在给出原型界面之后，还必须对界面中出现的每个项目元素进行说明。就如同学生的学习一样，不能简单地把课本扔给学生就不闻不问了，老师还需要对课本中的知识点进行讲解，这样才能让学生很好地领会课本中的知识。同样，向概要设计书的读者(详细设计书的编写人、程序员等)展示系统页面之后，对页面中的元素进行必要的说明，避免产生歧义。对于功能简单的页面，通常看到原型界面就可以毫无歧义地理解页面。但是，一旦页面项目增多，操作复杂，理解上就不那么容易了。这时候，逐个项目地解释说明就显得尤其重要了。

通常在对页面内容进行说明时，会对各个项目进行编号。这样做可以很明确地告诉读者正在讨论的是哪个项目，处在页面的什么位置，非常直观。

(4) 校验项目

No.	校 验 项 目	正 常 条 件	错 误 信 息
1	用户名	半角英文字母、数字、字符	用户名类型错误
2	密码	半角英文字母、数字、字符	密码类型错误
3	电子邮箱	半角英文字母、数字、字符、@、.	非法邮件地址错误

项目校验是软件系统中必不可少的一个重要环节，尤其是在与用户有交互的系统中。例如，我们要新增加一个系统用户，需要用户填写基本资料，在姓名栏里面填入超过5个汉字(假设在数据库的设计中，名字这个字段被定义为最多5个文字)，在年龄栏中输入数字以外的文字或者输入了比0还小的数字，这样的数据是不符合现实情况的错误数据，是不可能成功保存到数据库中的。所以必须在写入数据库之前提示用户重新输入。

对于存在对数据库进行更新或者删除操作的页面，一定要对数据的合理性进行校验，而且这些校验应该是充足的，这样才能保证通过这些校验规则的数据往数据库中写入时不会出错。

4．登录页面

(1) 页面 ID 和页面布局

用户名：	
密　码：	
	▶ 登录　　▶ 忘记密码

(2) 功能项目定义和操作

No.	项目名称	功能跳转	表示变换	类型
1	共同部分	参照主页面		菜单
2	登录	校验输入项目		菜单
		跳转到成功登录主页面		

(3) 输入/输出 (I/O) 项目一览

No.	项目名称	操作(I/O)	类型	备注
1	用户名称	I	字符	
2	密码	I	字符	

(4) 校验项目

No.	校验项目	正常条件	错误信息
1	用户名	半角英文字母、数字、字符	用户名类型错误
2	密码	半角英文字母、数字、字符	密码类型错误

(5) 登录页面

与"新员工登录页面"的文档写作内容是相同的，在此不再赘述。

至此，登录模块的概要设计就完成了。本系统其他模块的概要设计的内容与登录模块相同，其内容请参看本章附录。

8.4   接口设计

8.4.1   用户接口

打开《办公自动化系统》主页面，用户输入用户名和密码，只有正确地输入用户名和密码之后才能进入系统，否则会一直停留在登录页面，等待用户重新输入。

8.4.2   外部接口

必须安装 Windows 98 以上版本。

必须留有 100MB 以上的硬盘空间。

计算机在 Pentium II 以上运行效果更佳。

8.4.3   内部接口

设计共同模块，提高代码复用程度。

接口设计描述了系统如何与系统以外的元素以及系统内部进行交互的方式。用户接口描述了本系统和用户的交互方式，比如说用户是通过访问系统的主页面还是通过运行主程序，是通过使用鼠标键盘还是手写板或游戏手柄等方式与系统沟通。外部接口则描述了系统与其他软硬件系统的连接情况，为了让系统流畅地运行起来，需要具备什么硬件条件，是否需要打印机、扫描仪等其他硬件设备，是否需要 Office、Adobe Reader 等软件一起协同工作。内部接口描述的是系统内部各元素的接口安排。

8.5   系统出错处理设计

8.5.1   出错信息

本系统将错误分为两种：业务错误和系统错误。

业务错误是指用户在本系统的使用过程中，违反业务要求进行的操作。例如，在新建一个员工信息时，在输入员工性别时，输入了男/女以外的文字，这类操作就称为业务错误。

系统错误是指数据库连接断开、系统意外停机等不可避免的意外事故。

通过弹出对话框(或者其他形式)的方式向用户报告业务错误，提醒用户修正该错误，保证业务处理正常完成。

对于系统错误，本系统将采用日志来记录错误信息。日志不但记录着系统出错时的错误信息，还记录着系统日常运行过程中所产生的所有正常行为。系统管理员通过查看日志文件了解系统的运行情况，做出相应处理。

补救措施

定期对数据进行备份。采用硬盘做备份设备，使用 Oracle 9i 提供的备份功能定期对数据库进行备份。一旦系统遭到意外破坏，用该备份文件进行恢复，本系统未提供自动恢复功能，只能由系统管理员手动进行恢复。

8.5.2 系统维护设计

定期重启服务器。保证服务器每周(或其他周期)重新启动一次，重启之后进行复查，确认服务器已经启动了，确认服务器上的各项服务均恢复正常。对于没有启动起来或服务未能及时恢复的情况要采取相应措施妥善解决。

服务器优化，包括整理系统空间和性能优化。定期删除系统备份文件，卸载不常用的组件，最小化C盘文件。在性能优化方面，删除多余的开机自动运行程序；减少预读取，减少进度条等待时间；调整虚拟内存；内存优化；修改CPU的二级缓存；修改磁盘缓存等。

人人都希望自己开发的系统具有很强的健壮性，没有强大而完善出错处理的系统是无论如何也不会具有很强的健壮性的。系统无法规范用户的行为，它无法让用户在输入年龄的文本框中只输入合法的年龄数字而不输入系统无法识别的其他字符。虽然不能规范用户行为，但可以在用户非法输入时给出系统提示，提醒用户修改他们输入的内容。这也是保证系统健壮性的一方面内容。

在一个完整的信息系统里面，日志系统是一个非常重要的功能组成部分。它可以记录下系统所产生的所有行为，并按照某种规范表达出来。我们可以使用日志内容为系统进行排错，优化系统的性能，或者根据这些信息调整系统的行为。在安全领域，日志系统的重要地位尤甚，可以说是安全审计方面最主要的工具之一。所以说日志系统是信息系统中必不可少的环节。至于采用何种方式实现日志系统，可以根据当时的技术和所开发系统的特点综合考虑之后做出决定。

附录

《办公自动化系统》人事管理、工作计划管理、员工管理、考勤管理和员工权限管理的概要设计书内容如下所述。

三、人事管理

1. 功能

(1) 功能概要

本部分的主要功能是管理员工职务。

(2) 开始条件

系统管理员登录之后，获得了数据库的管理权。

2. 页面跳转(见下图)

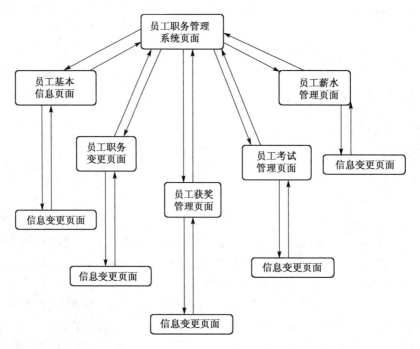

3. 员工职务管理页面

(1) 页面 ID 和页面布局

(2) 功能项目定义和操作

No.	项 目 名 称	功 能 跳 转	表 示 变 换	类 型
1	员工基本信息页面	员工基本信息子系统页面		菜单
2	员工职务变更页面	员工职务变更子系统页面		菜单
3	员工奖惩管理页面	奖惩信息检索子系统		菜单
4	员工考核管理页面	员工考核管理子系统页面		菜单
5	员工工资管理页面	员工薪水管理子系统页面		菜单

4. 员工基本信息页面

(1) 页面 ID 和页面布局

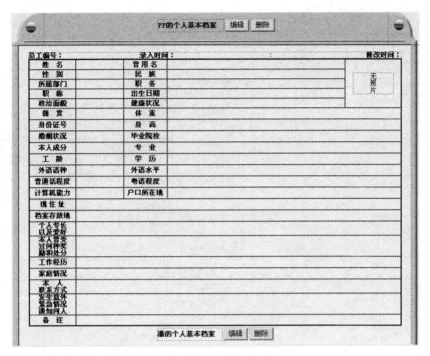

(2) 功能项目定义和操作

No.	项 目 名 称	功 能 跳 转	表 示 变 换	类 型
1	员工基本信息表示页面	员工基本信息子系统页面		页
2	员工基本信息编辑页面	员工基本信息编辑子系统页面		页
3	员工职务变更确认页面	员工职务变更完了页面		页

No.	名 称	类 型	含 义	长 度
1	A1	文本	员工编号	10
2	A2	文本	姓名	10
3	A3	文本	曾用名	10
4	A4	文本	性别	1
5	A5	文本	民族	10
6	A6	文本	所属部门	10
7	A7	文本	职务	10
8	A8	文本	职称	10
9	A9	文本	出生日期	20
10	A10	文本	政治面貌	10
11	A11	文本	健康状况	10
12	A12	文本	籍贯	10
13	A13	文本	体重	10
14	A14	文本	身份证号	18

（续表）

No.	名　称	类　型	含　义	长　度
15	A15	文本	身高	10
16	A16	文本	婚姻状况	10
17	A17	文本	毕业院校	20
18	A18	文本	本人成分	10
19	A19	文本	专业	10
20	A20	文本	工龄	10
21	A21	文本	学历	10
22	A22	文本	外语语种	10
23	A23	文本	外语等级	10
24	A24	文本	普通话程度	10
25	A25	文本	粤语程度	10
26	A26	文本	计算机能力	10
27	A27	文本	户口所在地	30
28	A28	文本	现住址	30
29	A29	文本	档案存放地	30
30	A30	文本	个人专长以及爱好	100
31	A31	文本	本人曾受过何种奖励和处分	100
32	A32	文本	职务	100
33	A33	文本	家庭情况	100
34	A34	文本	本人联系方式	100
35	A35	文本	发生意外紧急情况通知何人	100
36	A36	文本	备注	100

5. 员工职务编辑页面

（1）页面 ID 和页面布局

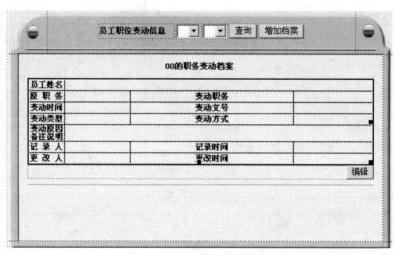

（2）功能项目定义和操作

No.	项 目 名 称	功 能 跳 转	表 示 变 换	类 型
1	员工职务表示页面	员工职务编辑后页面再表示		页
2	员工信息增加页面	员工信息的增加		页
3	员工信息删除页面	员工信息的删除		页

No.	名 称	类 型	含 义	长 度
1	oldjob	文本	原职务	20
2	changejob	文本	变动后的职务	20
3	changedate	文本	变动时间	20
4	changefile	文本	变动文号	20
5	changesort	文本	变动类型	20
6	changetype	文本	变动方式	20
7	changereason	文本	变动原因备注说明	120

6. 员工奖惩管理页面

（1）页面 ID 和页面布局

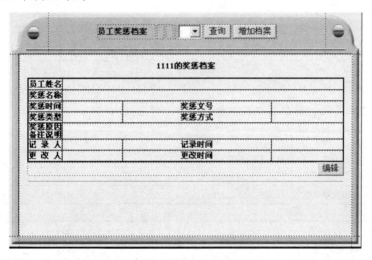

（2）功能项目定义和操作

No.	项 目 名 称	功 能 跳 转	表 示 变 换	类 型
1	员工奖励管理表示页面	员工奖励页面的表示		页
2	员工奖励信息增加页面	员工奖励信息的增加		页
3	员工奖励信息删除页面	员工奖励信息的删除		页

No.	名　称	类　型	含　义	长　度
1	rewpunnname	文本	奖惩名称	20
2	rewpundate	文本	奖惩时间	20
3	rewpunfile	文本	奖惩文号	20
4	rewpunsort	文本	奖惩类型	20
5	rewpuntype	文本	奖惩方式	20
6	remark	文本	奖惩原因备注说明	120

7. 员工考核管理页面

（1）页面 ID 和页面布局

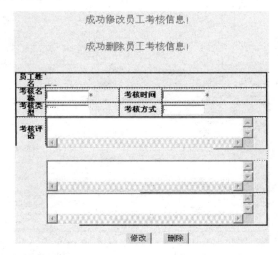

（2）功能项目定义和操作

No.	项目名称	功能跳转	表示变换	类型
1	员工考试表示页面	员工考核页面的表示		页
2	员工考试信息增加页面	员工考核信息的增加		页
3	员工考试信息删除页面	员工考核信息的删除		页

No.	名　称	类　型	含　义	长　度
1	checkname	文本	考核名称	20
2	checkdate	文本	考核时间	20
3	checksort	文本	考核类型	20
4	checktype	文本	考核方式	120
5	checkcomment	文本	考核评语	120
6	checkresult	文本	考核结果	120
7	remark	文本	考核说明	120

8. 员工工资管理页面

（1）页面 ID 和页面布局

（2）功能项目定义和操作

No.	项 目 名 称	功 能 跳 转	表 示 变 换	类　　型
1	员工薪水表示页面	员工薪水页面的表示		页
2	员工薪水信息增加页面	员工薪水信息的增加		页
3	员工薪水信息删除页面	员工薪水信息的删除		页

No.	名　　称	类　　型	含　　义	长　　度
1	wageleve	文本	工资级别	20
2	basewage	文本	基本薪水	20
3	stafjob	文本	员工职务	20
4	positionpay	文本	职务工资	20
5	workyear	文本	员工工龄	20
6	workyearwage	文本	工龄工资	20
7	prize	文本	奖金金额	20
8	rentwage	文本	房租补贴	20
9	carwage	文本	车费补贴	20
10	affairday	文本	事假天数	20
11	affairfund	文本	扣事假款	20
12	sickday	文本	病假天数	20
13	sickfund	文本	扣病假款	20

（续表）

No.	名　称	类　型	含　义	长　度
14	tax	文本	交个人税	20
15	insurance	文本	交保险费	20
16	mustwage	文本	应发金额	20
17	actwage	文本	实发金额	20
18	actdate	文本	执行时间	20
19	changereason	文本	变动原因	20
20	remark	文本	备注说明	59

//**//

四、工作计划管理

1. 功能

（1）功能概要

工作计划用于对员工的工作和自身相关事情进行相应的计划安排。员工的工作计划包括日历计划、实际计划、添加计划、修改计划、删除计划。自身计划内容包括日历计划、实际计划、添加计划、修改计划、删除计划。

（2）开始条件

（略）

2. 页面跳转

3. 画面迁移

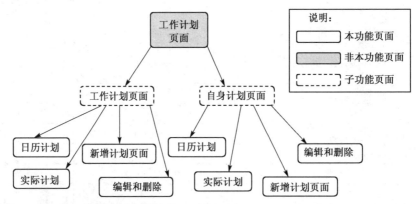

4. 员工的周工作计划页面（工作计划和本人计划页面相同）

（1）页面 ID 和页面布局

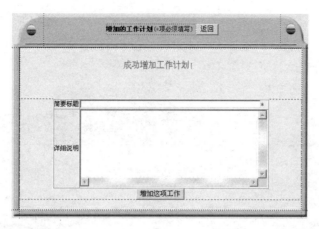

(2) 功能项目定义和操作

No.	项 目 名 称	功 能 跳 转	表 示 变 换	类　　型
1	日历计划	无		

(3) 页面中用户的 HTML 表元素

No.	名　　称	类　　型	说　　明	最 大 长 度
1	title	Text	简要标题	50
2	remark	Textarea	详细说明	500

(4) 这个页面使用系统的员工工作计划表(workrep)

5. 员工每日工作计划页面

(1) 页面 ID 和页面布局

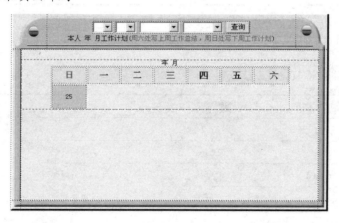

(2) 功能项目定义和操作

No.	项 目 名 称	功 能 跳 转	表 示 变 换	类　　型
1	员工每日工作计划	无		

（3）页面中用户的 HTML 表元素

（4）这个页面使用系统的员工工作计划表（workrep）

6.　员工工作计划编辑页面

（1）页面 ID 和页面布局

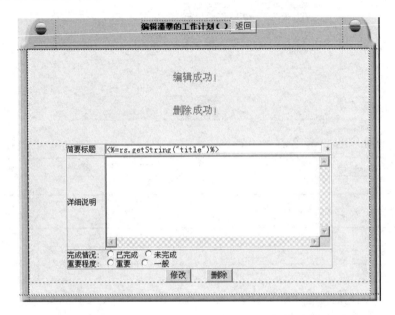

（2）功能项目定义和操作

No.	项 目 名 称	功 能 跳 转	表 示 变 换	类　　型
1	员工工作计划修改	无		

（3）页面中用户的 HTML 表元素

No.	名　　称	类　　型	说　　明	最 大 长 度
1	title	Text	简要标题	50
2	remark	Textarea	详细说明	500
3	finished	Radio	完成情况	—
4	import	Radio	重要程度	—

7.　本人工作计划页面

（1）页面 ID 和页面布局

（2）功能项目定义和操作

No.	项 目 名 称	功 能 跳 转	表 示 变 换	类　　型
1	本人工作计划修改	无		

（3）页面中用户的 HTML 表元素

（4）这个页面使用系统的员工工作计划表（workrep）

五、员工管理

1. 功能

（1）功能概要

该子系统提供增加下属员工、管理下属员工、增加用户、用户管理、本人资料维护等功能。

（2）开始条件

（略）

2. 页面跳转

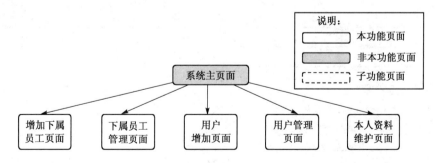

3. 增加下属用户页面

（1）页面 ID 和页面布局

（2）功能项目定义和操作

No.	项　目　名　称	功　能　跳　转	表　示　变　换	类　　型
1	增加下属员工	无		

（3）输入/输出（I/O）项目一览

No.	项　目　名　称	操作(I/O)	类　　型	备　　注
1	用户名	I	文本	
2	密码	I	文本	
3	密码确认	I	文本	
4	姓名	I	文本	
5	部门	I	文本	
6	职位	I	文本	

（4）校验项目

No.	校　验　项　目	正　常　条　件	错　误　信　息

4．下属员工管理

（1）页面 ID 和页面布局（无页面）

（2）功能项目定义和操作

No.	项　目　名　称	功　能　跳　转	表　示　变　换	类　　型
1	下属员工管理	无		

(3) 输入/输出 (I/O) 项目一览

No.	项 目 名 称	操作(I/O)	类 型	备 注
1	用户名	O	文本	
2	员工姓名	O	文本	
3	密码	O	文本	
4	状态	O	文本	

(4) 校验项目

No.	校 验 项 目	正 常 条 件	错 误 信 息

5. 用户增加页面

(1) 页面 ID 和页面布局(无页面)

(2) 功能项目定义和操作

No.	项 目 名 称	功 能 跳 转	表 示 变 换	类 型
1	用户增加页面	无		

(3) 输入/输出 (I/O) 项目一览

No.	项 目 名 称	操作(I/O)	类 型	备 注
1	用户名	I	文本	
2	密码	I	文本	
3	确认密码	I	文本	
4	姓名	I	文本	
5	部门	I	文本	
6	职位	I	文本	

(4) 校验项目

No.	校 验 项 目	正 常 条 件	错 误 信 息

6. 用户管理

(1) 页面 ID 和页面布局

（2）功能项目定义和操作

No.	项 目 名 称	功 能 跳 转	表 示 变 换	类　型
1	用户管理页面	无		

（3）输入/输出（I/O）项目一览

No.	项 目 名 称	操作（I/O）	类　型	备　注
1	删除	I	checkbox	
2	姓名	O	文本	
3	用户名	O	文本	
4	密码	O	文本	
5	部门	O	文本	
6	级别	O	文本	
7	状态	I	checkbox	

（4）校验项目

No.	校 验 项 目	正 常 条 件	错 误 信 息

7. 本人资料维护

（1）页面 ID 和页面布局

(2) 功能项目定义和操作

No.	项目名称	功能跳转	表示变换	类型
1	本人资料维护页面	无		

(3) 输入/输出(I/O)项目一览

No.	项目名称	操作(I/O)	类型	备注
1	用户名	I	文本	
2	密码	I	文本	
3	密码确认	I	文本	
4	姓名	I	文本	
5	部门	I	文本	
6	职位	I	文本	

(4) 校验项目

No.	校验项目	正常条件	错误信息

六、考勤管理

1. 功能

(1) 功能概要

该子系统主要的作用是管理员工的出勤情况。

(2) 开始条件

员工已登录本系统。

2. 页面跳转

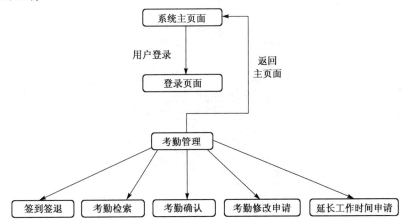

3. 考勤管理页面

(1) 页面 ID 和页面布局

（2）功能项目定义和操作

No.	项目名称	功能跳转	表示变换	类型
1	共同部分	参照主页面		
2	考勤管理	跳转到考勤管理页面		菜单

（3）输入/输出（I/O）项目一览

No.	项目名称	操作（I/O）	类型	备注
1	员工名	I	文本	
2	登录考勤	I	文本	登录考勤情况
3	考勤检索	I	文本	检索以往考勤情况
4	考勤确认	I	文本	确认当月考勤情况
5	考勤修改申请	I	文本	如果忘了登录考勤情况，申请修改考勤情况
6	延长工作时间申请	I	文本	如果需要加班，向上级申请延长上班时间

七、员工权限管理

1. 功能

（1）功能概要

在该子系统中，可以对员工的权限进行编辑、新增以及删除的操作。

（2）开始条件

员工登录完毕。

2. 页面跳转

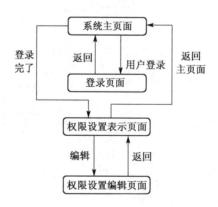

3. 权限设置表示页面

(1) 页面 ID 和页面布局(无)

(2) 功能项目定义和操作

No.	项目名称	功能跳转	表示变换	类型
1	共同部分	参照主页面		
2	权限设置编辑	跳转到权限设置编辑页面		菜单

(3) 输入/输出 (I/O) 项目一览

No.	项目名称	操作(I/O)	类型	备注
1	用户名	O	文本	
2	部门	O	文本	
3	职位	O	文本	
4	工作计划	O	文本	
5	新闻发布	O	文本	
6	基本档案	O	文本	
7	职务变动	O	文本	
8	奖惩编辑	O	文本	
9	考核编辑	O	文本	
10	奖金编辑	O	文本	
11	使用者管理	O	文本	

(4) 校验项目

No.	校验项目	正常条件	错误信息

4. 权限设置编辑页面

(1) 页面 ID 和页面布局(无)

(2) 功能项目定义和操作

No.	项目名称	功能跳转	表示变换	类型
1	共同部分	参照主页面		
2	权限设置表示	跳转到权限设置表示页面		菜单

(3) 输入/输出 (I/O) 项目一览

No.	项目名称	操作(I/O)	类型	备注
1	用户名	O	文本	
2	部门	O	文本	
3	职位	O	文本	

(续表)

No.	项　目　名　称	操作(I/O)	类　　型	备　　注
4	工作计划	I/O	文本	可编辑
5	新闻发布	I/O	文本	可编辑
6	基本档案	I/O	文本	可编辑
7	职务变动	I/O	文本	可编辑
8	奖惩编辑	I/O	文本	可编辑
9	考核编辑	I/O	文本	可编辑
10	奖金编辑	I/O	文本	可编辑
11	使用者管理	I/O	文本	可编辑

(4) 校验项目

No.	校　验　项　目	正　常　条　件	错　误　提　示

▶本章小结

　　本章以一个办公自动化系统的概要设计书为案例，从引言、系统概要设计、子系统概要设计、接口设计和系统出错处理设计等方面讲述了概要设计书的写作方法和技巧。

　　通过本章案例分析可以说，在概要设计阶段，需要将软件系统需求转换为未来系统的软件体系结构和功能模块结构，设计出强壮的系统构架，并将系统分解为子系统和模块。

参考文献

[1] 史济民，顾春华，李昌武，苑荣. 软件工程：原理、方法与应用. 北京：高等教育出版社，2010

[2] 贾宗星. 基于工作流的协同办公系统的设计与实现. 计算机时代，2009 年 3 期

[3] 雍珣. 基于 Web 的办公自动化系统的设计与实现. 山西广播电视大学学报，2009 年 5 期

[4] 杨德友　朱博. 网络办公自动化系统的设计与实现. 四川大学学报. 自然科学版，2009 年 3 期

[5] 《办公自动化系统》概要设计书

习题

1. 问答题

(1) 实体　　　　　　　　　　　(4) 权限管理

(2) 健壮性　　　　　　　　　　(5) 出错信息

(3) 日志系统

2．问答题

(1) 概要设计书的核心部分是什么?

(2) 系统划分的基本原则是什么?

(3) 子系统和模块的关系是什么?

3．论述题

(1) 简述对界面、控制和实体进行设计的要求。

(2) 简述日志系统的作用。

(3) 参考本章的案例，写一份 OA 系统的概要设计书。

第 9 章

概要设计书案例分析三

——某企业建筑业信息化系统案例分析

在前两章中，以两个典型案例讲述了概要设计书包含的基本内容、规范写法和写作技巧。对于从未写过或者公司没有可供参考的概要设计书模板的软件工作者，可以参考前两章的内容编写自己的第一份概要设计书。

对于写作而言，内容是最根本、最核心的部分。表达方式只是一种手段，为生动、翔实地向读者展示内容服务。所以，我们在前两章中关注概要设计书的表达方式之后，本章的重点将转移到内容的获得上，即如何进行概要设计。概要设计的目的不是为了写出概要设计书，而是为了完成系统的概要设计并最终开发出软件系统做的总体规划。如果对系统做了可行、高效的概要设计，但是无法将设计结果形成一份内容完整、易于理解的概要设计书，详细设计工作者将很难开展下一步工作；同样，如果概要设计马马虎虎，基本没得出实质性的设计结果，但是概要设计书却写得形象生动、用词考究。对于详细设计者而言，如果人们无法从概要设计书中获得自己所关心问题的答案的话，再优美的概要设计书也不能称其为概要设计书。

因此，本章的重点在于如何进行概要设计。

本章以《某企业建筑业信息化系统》为案例，讲述如何获得概要设计书中各部分的内容。对于概要设计而言，目前比较流行的是传统的结构化概要设计和面向对象的概要设计，由于篇幅有限，本案例只以结构化概要设计方法为例子进行说明。

9.1 软件体系结构的确立

虽然软件体系结构已经在软件工程领域中有着广泛的应用，但迄今为止还没有一个被大家所公认的定义。许多专家学者从不同角度和不同侧面对软件体系结构进行了刻画，较为典型的定义有：

(1) Dewayne Perry 和 Alex Wolf 曾这样定义：软件体系结构是具有一定形式的结构化元素，即构件的集合，包括处理构件、数据构件和连接构件。处理构件负责对数据进行加工，数据构件是被加工的信息，连接构件把体系结构的不同部分组合连接起来。

(2) Mary Shaw 和 David Garlan 认为软件体系结构是软件设计过程中的一个层次，这一层次超越计算过程中的算法设计和数据结构设计。体系结构问题包括总体组织和全局控制、通信协议、同步、数据存取，给设计元素分配特定功能、设计元素的组织、规模和性能、在各设计方案间进行选择等。软件体系结构处理算法与数据结构之上关于整体系统结构设计和描述方面的一些问题，如全局组织和全局控制结构，关于通信、同步与数据存取的协议，设计构件功能定义，物理分布与合成，设计方案的选择、评估与实现等。

(3) Kruchten 指出，软件体系结构有4个角度，它们从不同方面对系统进行描述：概念角度描述系统的主要构件及它们之间的关系；模块角度包含功能分解与层次结构；运行角度描述了一个系统的动态结构；代码角度描述了各种代码和库函数在开发环境中的组织。

(4) Hayes Roth 则认为软件体系结构是一个抽象的系统规范，主要包括用其行为来描述的功能构件和构件之间的相互连接、接口和关系。

(5) David Garlan 和 Dewne Perry 于 1995 年在《IEEE 软件工程学报》上又采用了如下定义：软件体系结构是一个程序/系统各构件的结构、它们之间的相互关系以及进行设计的原则和随时间进化的指导方针。

虽然对软件体系结构的定义还未统一，而且无论是谁提出的定义，都过于抽象难以理解。软件体系结构设计的一个核心问题是能否使用重复的体系结构模式，即能否达到体系结构级的软件重用。也就是说，能否在不同的软件系统中使用同一体系结构。基于这个目的，学者们开始研究和实践软件体系结构的风格和类型问题。

软件体系结构风格是描述某一特定应用领域中系统组织方式的惯用模式。它反映了领域中众多系统所共有的结构和语义特性，并指导如何将各个模块和子系统有效地组织成一个完整的系统。按这种方式理解，软件体系结构风格定义了用于描述系统的术语表和一组指导构件系统的规则。

作为一个系统构架师，更关心的是系统应该采用的软件体系风格。根据用户需求，判断它是何种类型的系统，在该类型的系统可以采用的所有体系结构风格中，明确各种风格之间的特点、差异和优缺点，结合客户、实际的需要，确定本系统将要采用的体系结构风格。

对于本系统而言，在需求分析部分，很明确地表明这是一个信息化系统，它将运用信息技术，特别是计算机技术、网络技术、通信技术、控制技术、系统集成技术和信息安全技术等，改造和提升建筑业技术手段和生产组织方式，提高建筑企业经营管理水平和核心竞争能力，提高建筑业主管部门的管理、决策和服务水平。它的核心内涵是：以建筑项目的全生命周期为对象，全部相关信息实现电子化；项目的有关各方利用网络进行信息的提交、接收；所有电子化信息均存储在数据库中便于共享、利用。从以上这些可以看到，这必将是一个 Web 系统。

由于这是一个 Web 系统，B/S 和 C/S 体系结构是可选择的两种方案。相对于 C/S 结构来讲，B/S 结构主要有以下优势：第一，B/S 建立在广域网之上，无须专门的网络硬件环境，电话线、光纤只要能访问 Internet 就可以使用，地域分散，比 C/S 适应范围广；第二，在 B/S 构件组成方面，构件可个别更换，实现系统的无缝升级，系统维护开销减到最小，用户从网上自己下载安装就可以实现升级；第三，在软件系统的改进和升级上，B/S 结构的系统升级方便、成本低廉。只须要对服务器进行升级，由于客户端只是浏览器，不须做任何的维护。

由以上的分析比较可以得出结论，本系统将采用 B/S 体系结构。

9.2　框架选型

软件体系结构是一个设计层概念性的东西，它在概要设计中起到指引方向的作用。就像领导说我们要有一个能承办奥运会的体育场，设计的人就会问到底该怎么做呢？是盖一个新的还是把已有的体育场改造一下呢？盖新体育场成本高、工期长，但是另一方面，新的体育场采用更科学的设计和更先进的技术，可以借此机会充分展现国家的综合国力。改造现有体育场的话，节约成本、工期短，还不需要额外占用已经相对紧缺的土地，可以将节约下来的钱用在国家建设的其他方面。领导层自然会从实际国情出发，全盘考虑之后做出建设方案。

回到软件开发上来，现在无论开发一个什么样的应用系统（探索性的系统除外），类似的系统已经广泛存在，而且还有很多现成的、成熟的技术、类库、框架等可以复用，不需要开发者从无到有地构造一个应用系统。利用框架来进行开发，既能节约成本又能提高效率。在框架上进行开发，就如同改造一个体育馆，利用场馆的已有框架，把本次需要添加的设施加进去，把原有场馆不合理的地方废弃不用，替换成新的设施。

框架不是构架（即软件体系结构）。体系结构确定了系统整体结构、层次划分、不同部分之间的协作等设计考虑。框架比架构更具体，更偏重于技术实现。确定框架后，软件体系结构也随之确定，而对于同一软件体系结构（比如 Web 开发中的 MVC），可以通过多种框架来实现。

软件框架是项目软件开发过程中提取特定领域软件的共性部分形成的体系结构，不同领域的软件项目有着不同的框架类型。框架的作用在于：由于提取了特定领域软件的共性部分，因此在此领域内新项目的开发过程中代码不需要从头编写，只需要在框架的基础上进行一些开发和调整便可满足要求。框架不是现成可用的应用系统，是一个半成品，需要后来的开发人员进行二次开发，实现具体功能的应用系统。框架也不是工具包或类库，调用API并不是在使用框架中开发，使用API是为了实现某些功能而调用类库，进而实现特定的任务。而框架构成了通用的、具有一般性的系统主体部分，二次开发人员只是像做填空题一样，根据具体业务，完成特定应用系统中与众不同的特殊部分。

通过合理选用框架，可以极大地缩短开发周期，确保软件质量，提高开发效率。

MVC是一种开发模式，由模型层、控制层、视图层三层组成。模型层在载体和数据库之间交互，控制层实现业务逻辑的流动，视图层负责提交用户指令和显示结果。模型层为数据在载体和数据库间交互，将数据库中和记录转换成有意义的实体，供控制器调配；控制器是整个项目的核心，负责实现业务逻辑的流动，响应由视图层传递过来的请求，选择适当的模块进行处理并将处理结果返回给视图层；视图层由 JSP 页面完成，负责接收用户的输入将其提交给服务器并显示服务器对这一输入响应的结果，在页面中不进行与业务逻辑相关的操作。三者各司其职，共同完成人们希望的功能。通过合理的设计接口，使三者有效分离，屏蔽了层与层之间的实现细节，只要保持接口一致，无论具体的实现如何变化，都不会影响系统其他层的工作，提高了软件的适应性和扩展性。

目前已经开发出多种实现 MVC 模式的框架，例如，JSF、Tapestry、Spring、Webwork、Struts 等，这些只是Java领域的实现框架，在ASP、PHP等领域也有它们相关的实现框架，并且随着技术的不断发展，还会有更多更好的框架出现。在众多已经存在的框架当中，没有一个可以称得上完美，在某些方面或多或少地存在着某些不足，正因为这样，才激励着人们不断地改进或者开发新的框架以弥补现有框架的不足。

在概要设计阶段，首先要明确的是，本系统是打算构造一个全新的系统还是在已有框架的基础上进行开发。如果打算利用已有框架，可以列出若干种适合本系统的开发框架，横向比较一下这些框架的优缺点，同时考察一下项目自身的特点，再结合客户对开发框架的要求（如果客户有这方面要求的话），最后再考虑开发人员对各种框架的掌握情况，以及开发周期、经费等各种各样的开发因素，综合在一起分析权衡之后得出系统最终采用的开发框架。

考虑到Struts经过多年的发展，已经逐渐成长为一个稳定、成熟的框架，并且占有了MVC框架中最大的市场份额。虽然 Struts 某些技术特性上已经落后于新兴的 MVC 框架，面对Spring MVC、Webwork 2 这些设计更精密、扩展性更强的框架，Struts 受到了前所未有的挑战。但站在产品开发的角度而言，Struts 仍然是最稳妥的选择。而且公司有多个成功开发Struts 项目的实际经验，这对保证开发进度、确保软件质量有很大帮助。从公司的角度看，不打算将这个项目作为新技术的探索项目，一切还都应该以稳妥作为开发原则。

综合以上因素考虑，本系统将采用 Struts 作为开发框架。

9.3　软件开发模型选择

正如任何事物一样，软件也有其孕育、诞生、成长、成熟和衰亡的生存过程，一般称其为"软件生命周期"。软件生命周期一般分为 6 个阶段，即制定计划、需求分析、设计、编码、测试、运行和维护。在软件工程中，用软件开发模型来描述和表示这些周期之间的关系。

软件开发模型是跨越整个软件生存周期的系统开发、运行和维护所实施的全部工作和任务的结构框架，它给出了软件开发活动各阶段之间的关系。目前，常见的软件开发模型大致可分为如下 3 种类型。

(1) 以软件需求完全确定为前提的瀑布模型（Waterfall Model）。

(2) 在软件开发初始阶段只能提供基本需求时采用的渐进式开发模型，如螺旋模型（Spiral Model）。

(3) 以形式化开发方法为基础的变换模型（Transformational Model）。

9.3.1　瀑布模型

瀑布模型，其核心思想是按工序将问题化简，将功能的实现与设计分开，便于分工协作，即采用结构化的分析与设计方法将逻辑实现与物理实现分开。瀑布模型将软件生命周期划分为软件计划、需求分析和定义、软件设计、软件实现、软件测试、软件运行和维护这 6 个阶段，规定了它们自上而下、相互衔接的固定次序，如同瀑布流水逐级下落。采用瀑布模型的软件过程如图 9.1 所示。

瀑布模型是最早出现的软件开发模型，在软件工程中占有重要的地位，它提供了软件开发的基本框架。瀑布模型的本质是一次通过，即每个活动只执行一次，最后得到软件产品，也称为"线性顺序模型"或者"传统生命周期"。其过程是从上一项活动接收该项活动的工作对象作为输入，利用这一输入实施该项活动应完成的内容给出该项活动的工作成果，并作为输出传给下一项活动。同时评审该项活动的实施，若确认，则继续下一项活动；否则返回前面，甚至更前面的活动。

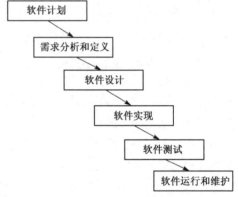

图 9.1　采用瀑布模型的软件过程

瀑布模型有利于大型软件开发过程中人员的组织及管理，有利于软件开发方法和工具的研究与使用，从而提高了大型软件项目开发的质量和效率。然而软件开发的实践表明，上述各项活动之间并非完全是自上而下且呈线性图式的，因此瀑布模型存在如下严重的缺陷。

(1) 由于开发模型呈线性，所以当开发成果尚未经过测试时，用户无法看到软件的效果。这样软件与用户见面的时间间隔较长，也增加了一定的风险。

(2) 在软件开发前期末发现的错误传到后面的开发活动中时，可能会扩散，进而可能会造成整个软件项目开发失败。

(3) 在软件需求分析阶段，完全确定用户的所有需求是比较困难的，甚至可以说是不太可能的。

9.3.2　螺旋模型

螺旋模型将瀑布和演化模型（Evolution Model）结合起来，它不仅体现了两个模型的优点，而且还强调了其他模型均忽略了的风险分析。这种模型的每个周期都包括需求定义、风险分析、工程实现和评审 4 个阶段，由这 4 个阶段进行迭代。软件开发过程每迭代一次，软件开发又前进一个层次。采用螺旋模型的软件过程如图 9.2 所示。

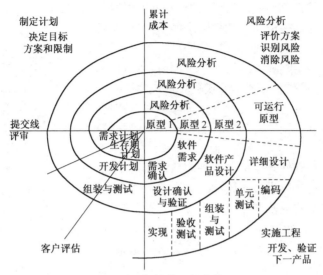

图 9.2 采用螺旋模型的软件过程

螺旋模型的基本做法是在"瀑布模型"的每个开发阶段前引入一个非常严格的风险识别、风险分析和风险控制，它把软件项目分解成一个个小项目。每个小项目都标识一个或多个主要风险，直到所有的主要风险因素都被确定。

螺旋模型强调风险分析，使得开发人员和用户对每个演化层出现的风险有所了解，继而做出应有的反应，因此特别适用于庞大、复杂并具有高风险的系统。对于这些系统，风险是软件开发不可忽视且潜在的不利因素，它可能在不同程度上损害软件开发过程，影响软件产品的质量。减小软件风险的目标是在造成危害之前，及时对风险进行识别及分析，决定采取何种对策，进而消除或减少风险的损害。

与瀑布模型相比，螺旋模型支持用户需求的动态变化，为用户参与软件开发的所有关键决策提供了方便，有助于提高目标软件的适应能力，并且为项目管理人员及时调整管理决策提供了便利，从而降低了软件开发风险。

但是，我们不能说螺旋模型绝对比其他模型优越，事实上，这种模型也有其自身的如下缺点。

(1) 采用螺旋模型需要具有相当丰富的风险评估经验和专门知识，在风险较大的项目开发中，如果未能够及时标识风险，势必造成重大损失。

(2) 过多的迭代次数会增加开发成本，延迟提交时间。

9.3.3 变换模型

变换模型是基于形式化规格说明语言及程序变换的软件开发模型，它采用形式化的软件开发方法对形式化的软件规格说明进行一系列自动或半自动的程序变换，最后映射为计算机系统能够接受的程序系统。采用变换模型的软件过程如图 9.3 所示。

为了确认形式化规格说明与软件需求的一致性，往往以形式化规格说明为基础开发一个软件原型，用户可以从人机界面、系统主要功能和性能等几个方面对原型进行评审。必要时，可以修改软件需求、形式化规格说明和原型，直至原型被确认为止。这时软件开发人员即可对形式化的规格说明进行一系列的程序变换，直至生成计算机系统可以接受的目标代码。

"程序变换"是软件开发的另一种方法，其基本思想是把程序设计的过程分为生成阶段和改进阶段。首先通过对问题的分析制定形式规范并生成一个程序，通常是一种

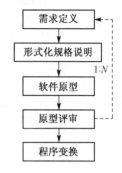

图 9.3　采用变换模型的软件过程

函数型的"递归方程"。然后通过一系列保持正确性的源程序到源程序的变换，把函数型风格转换成过程型风格，并进行数据结构和算法的求精，最终得到一个有效的面向过程的程序。这种变换过程是一种严格的形式推导过程，所以只需对变换前的程序的规范加以验证，变换后的程序的正确性将由变换法则的正确性来保证。

变换模型的优点是解决了代码结构经多次修改而变坏的问题，减少了许多中间步骤（如设计、编码和测试等）。但是变换模型仍有较大局限，以形式化开发方法为基础的变换模型需要严格的数学理论和一整套开发环境的支持，目前形式化开发方法在理论、实践和人员培训方面距工程应用尚有一段距离。

考虑到本系统在需求分析阶段已经得出明确的需求，并且在后续的开发阶段中需求变更的可能性非常小，并且对比分析多种软件开发模型的优缺点，最后决定采用瀑布模型进行本系统的开发。

9.4　总体设计

绘制系统的功能整体图，从整体上把握系统包含的所有功能以及各功能之间的关系。下一阶段详细设计的展开点，应是功能整体图中列出的最底层功能。通常采用层次图来描述系统功能整体图，如案例所示。

本系统由两大功能子系统组成，业者管理子系统和合同管理子系统。两个功能模块又分为若干子模块，其系统功能模块划分图如图 9.4 所示。

对于子系统的划分，可以从业务处理、实际使用的角度进行划分，此时将系统划分为两大子系统若干小子系统；也可以从系统实现的角度对系统进行横向划分，虽然子系统之间的业务完全不同，但是，子系统大多数都存在画面表示、访问数据、输出打印等通用的功能。将这些具有共性的功能提炼出来，形成共同的处理子系统，也可以依据这个来对系统功能进行划分，如案例所示。

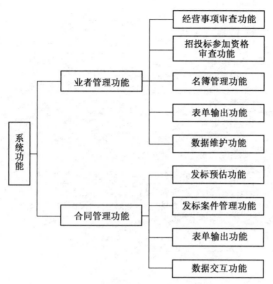

图 9.4　系统功能模块划分图

在功能结构方面，本系统分为 9 个子系统，各子系统的功能具体介绍如下：

(1) PMS 系统：业务流程管理系统。负责系统中所有业务流程的执行、调度、分配任务、监视等工作。

(2) CMS 系统：内容管理系统。负责全系统的数据信息维护。

(3) UI 系统：用户接口系统。提供基本页面跳转，以及标签服务。

(4) DA 系统：数据访问系统。对外提供数据库访问，以及文件(配置文件、业务数据文件、HTML 等)操作接口，隔离数据与上层逻辑层。

(5) 数据交互系统：负责本系统与外部系统的数据交互，主要以CSV文件的形式生成各种标准交互文件。

(6) 表单系统：负责各种表单文件的生成、处理、预览及输出。

(7) 业务通用系统：共通组件。负责各种批处理。

(8) VR系统：有效性制约系统。负责各种输入或输出数据的有效性检查、一致性检查，以及各种数据在各种数据规范间的转化。

(9) 安全管理系统：提供系统安全对应。

系统功能结构图如图 9.5 所示。

子系统 N 的概要设计

完成系统总体功能结构设计之后，就进入每个子系统的概要设计部分。在这部分当中，详细介绍该子系统的功能，此时不关注该子系统如何实现这个功能，关注点在于"能做什么而不是如何做"。

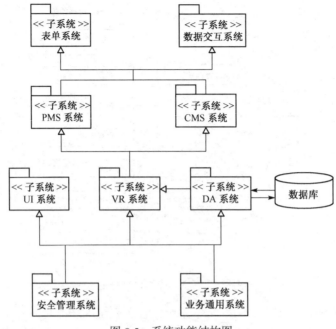

图 9.5　系统功能结构图

9.5　数据库设计

　　数据库设计是软件开发中很重要的一个环节，它不是在某个开发阶段一次性就设计完成的工作，它和软件的设计一样，经历着一个由抽象到具体，由概要到详细的过程。它始于需求分析阶段，结束于详细设计阶段。在需求分析阶段，主要是分析客户的业务和数据处理需求；在概要设计阶段，主要是设计数据库的 E-R 模型图，确认需求信息的正确性和完整性；进入详细设计阶段之后，就要将 E-R 图转换为多张表，进行逻辑设计，并应用数据库设计的三大范式进行审核。

　　在概念设计阶段，被广泛使用的概念模型是 E-R 模型，即实体联系模型。实体联系模型基本的概念包含实体、属性、联系。所谓实体，是指客观存在且能相互区别的事物，而属性刻画了实体的特征，实体集之间的关联则称为联系。这些概念其实与数据库理论中的概念是一样的，并没有什么特殊之处。

　　E-R 模型的直观图形表示法即 E-R 图，在 E-R 图中通常用矩形表示实体集，并需要在矩形内写上该实体集的名字；而椭圆形则用于属性，同样也需要在椭圆内写上属性的名称；实体之间的联系则用菱形表示，同样菱形中间也要写上联系的名字。另外，实体和依附于它的属性之间需要使用无向线段进行连接，而实体与实体之间要通过联系进行关联，在图形表现上，实体与联系之间也是使用无向线段进行连接的。

数据库概念设计完成之后，就进入数据库的逻辑设计部分。这部分的内容在第8章讨论详细设计书时已论述过。

在设计 E-R 图时，可以采用自底向上的设计方法，它通常分为两步：

(1) 绘制最小单位子 E-R 图。根据需求分析的结果(数据流图、数据字典等)对现实世界的数据进行抽象，设计各个局部视图即子 E-R 图。

(2) 集成。将子 E-R 图逐个集成到全局视图中。在这一个过程中，也可以把关系紧密的若干子图先集成为一个大一点的中号子图，然后再把这些中号子图集成为更大的子图，直到最后合并为一个完整的 E-R 图。

可以在集成的过程中，也可以在集成完了之后，用范式来审查 E-R 图，减少冗余。

本系统的部分 E-R 图如图 9.6 所示。

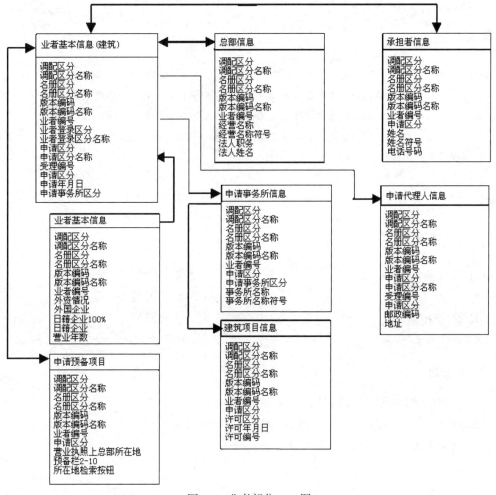

图 9.6　业者部分 E-R 图

▶本章小结

通过本章的实际案例分析，明确了概要设计的重心在"概要"二字上，对整个系统的整体设计成果就体现在这一阶段。系统构架、设计方针原则、采用的框架、数据库方案等，这些关系全局决策的问题都必须在本阶段确定。如果这些问题未能在概要设计阶段经过仔细考虑做出决定而匆忙开始编码，抱着在编码阶段再尝试各种方案之后再做决定的想法的话，很容易造成时间、人力、物力的浪费。

编码阶段往往是项目投入人力物力比较大的一个阶段，这个阶段就不适合做新技术探索这类的工作，而是如工厂的工人一样，按着设计图纸正确生产才是编码阶段的任务。所以说，为了后期工作高效、正确地展开，一定要认真做好设计工作。

参考文献

[1] 史济民，顾春华，李昌武，苑荣. 软件工程：原理、方法与应用. 北京：高等教育出版社，2010

[2] 姚兵，丛培经，萧利民. 建筑业行业及企业发展战略概论. 广州：华南理工大学出版社，2001

[3] 董大旻，李宗印. 建筑业安全管理信息化系统的构建意义和框架，建筑，2008(24)

[4] 王红兵，车春鹏编著. 建筑施工企业管理信息系统. 北京：电子工业出版社，2006

[5] 《某企业建筑业信息化系统》概要设计书

习题

1．名词解释

(1) MVC

(2) Struts

(3) 软件生命周期

(4) 软件开发模型

(5) 瀑布模型

(6) 螺旋模型

(7) 变换模型

(8) E-R 图

2．问答题

(1) 目前比较流行的概要设计方法主要有哪些？

(2) 什么是软件框架？目前有哪些实现 MVC 的框架？

(3) 目前常见的软件开发模型可分为哪三种类型？

3．论述题

（1）简述 Dewayne Perry 和 A1ex Wo1f 对软件体系结构的定义。

（2）如何采用自底向上的设计方法设计 E-R 图？

（3）参考本章的案例，试写一份某行业或某企业信息化系统的概要设计书。

第 10 章

详细设计书案例分析一

——研究生教务管理系统案例分析

在概要设计完成整个系统的宏观设计之后，再由详细设计对概要设计中提出的各个功能模块逐个进行详细分析，全面展开。详细设计是整个设计阶段耗时最长的工作，因为它的内容多而细致，它要包含所有模块各方各面的内容，要细致到在编码之前没有任何的不确定因素，包括函数名、类名等的命名，各个页面表示项目的属性、长度、特殊的限制，具体的算法也要在此阶段确定。详细到这个程度的目的是为了在编码阶段能将设计结果无歧义地直接转化为某种开发语言；另一方面也是为了以后维护人员在代码维护时能提供实用的帮助，不用在纷繁众多的代码中找不到切入点。

详细设计的结果被记录在详细设计书中，规范的详细设计书能很好地表达详细设计的成果，便于读者阅读，充分理解设计者的设计意图。虽然国家对于详细设计书有推荐的标准文档，但写作毕竟是一个创作的过程，而且国家规范是在总结行业通行做法的基础上总结提升得出来的，对于一些历史悠久的企业，他们在文档写作方面有自己独特的一套格式，这个时候应该优先采用公司现行的文档格式，不一定完全和国家规范相同。无论采取何种文档形式，把设计结果清晰且详细地记录下来才是最实质的内容。

本章仍以某学院的《研究生教务管理系统》为案例。目前，全国各地从高校到小学甚至幼儿园，或多或少地都引入了教务管理系统帮助管理日常的教务工作。教务管理系统一般分为两个方面，一个是面向教务人员，帮助教务人员管理学校的日常工作；另一方面是面向学生，给学生一个了解自身信息、学校信息、教务信息的渠道，为同学老师间的交流提供平台。我们不去讨论案例系统的设计是否优秀，也不去考虑案例系统的功能是否强大，我们只将注意力集中在它的文档上，借此来讨论一下详细设计书的规范化写法。

下面就针对《研究生教务管理系统》的详细设计书作为案例进行评述。

变更记录								
No.	版　本	更新日期	变　更　人	区　分	变更场所		变更内容	
					页　码	项　目		
1	1.0	2008.05.22	×××	新建内容				

10.1　引言

10.1.1　编写目的

本文档为《研究生教务管理系统》的详细设计书，详细记录了研究生教务系统的实现细节，本文的读者为系统设计人员和编码人员以及测试人员。

10.1.2　背景

软件学院学生分布广，有脱产、在职的；学年灵活，2.5～5 年内毕业都可以；档案复杂，有学校集体户口也有不归学校统一管理等；课程设置灵活，根据科技的发展和时代的变化，会添加或删减一些课程甚至专业。由于这些不确定因素的存在，使得教务工作变得复杂而烦琐。《研究生教务管理系统》就是为了管理这些变化、减轻教务工作的负担，为学生提供一个了解学院动态、课程状态、与其他学生交流的平台而创建的。

项目名称：研究生教务管理系统。

项目提出者：某大学软件学院。

项目开发者：某大学软件学院软件开发小组。

10.1.3　定义

（略）

10.1.4　所参考资料

1.《研究生教务管理系统》需求分析书

2.《研究生教务管理系统》概要设计书

正如之前讨论的需求分析书和概要设计书一样，详细设计书也会包含引言部分，这虽然不是详细设计书的主体部分，但正如每本书的故事梗概一样，其目的是为了给人一个整体印象，不至于开篇就直接说某个功能应该如何实现，以免给人一种很唐突的感觉。

在文档开篇之前往往附有变更记录，这是必须有的部分。在变更记录中详细地记录着该文档从一开始由谁创建，之后又有什么其他人修改过、改过什么地方等信息。如果编码人员在看设计书时遇到不理解的地方，通过变更记录就能很快地知道谁是这部分设计工作的承担人，条件允许的话就可以和设计者当面沟通。另一方面，一个系统经过若干时间后可能需要对部分功能进行修改，这时候把发生变更的地方记录在变更记录中，人们就可以通过这个记录很快地定位到修改的部分，而不需要通篇阅读来查找变更的地方。软件文档毕竟是一份严谨的文档，其中的内容不应该是装饰性的，只有真正有用的东西才会被记录下来，变更记录正是其中一个非常实用、需要被记录下来的内容之一。

10.2　程序系统的结构

10.2.1　运行环境

操作系统：Windows 2000、Windows XP。

服务器：Tomcat 5.5。

数据库：MySQL。

10.2.2　系统功能结构图

运行环境和系统功能结构图（参见图 10.1）这两部分在之前的需求分析书和概要设计书中都已经出现过，此处又一次提及可以被认为是对需求分析和概要设计的一个总结，也是下面将要进行的详细设计的开端，起到了承上启下的作用。随着设计的逐步深化，对系统的理解越来越深刻，也许到了详细设计阶段才发现概要设计有些地方不太合理或者有遗漏的地方，这时候不但要修正详细设计，之前已经完成了的概要设计也要一并修正。

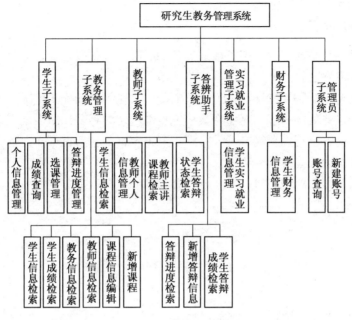

图 10.1　系统功能结构图

10.3　程序设计说明

10.3.1　程序描述

　　学生子系统主要服务于学院的所有学生，管理员统一创建学生登录用的用户名和密码。学生根据自己的用户名和密码登录《研究生教务管理系统》之后，可以进入学生子系统，在相关页面中编辑学生个人信息、查看自己各门课程的考试成绩，还可以在此编辑本学期要选修的选课以及查看自己论文的进展情况。

　　现在任何一个应用系统的功能都比较强大，只提供单一功能的系统几乎不存在。对于这样复杂的系统，必定是被划分为若干子系统，子系统下再划分若干功能，然后逐个功能依次构造完成。每个功能都有自己的详细设计结果，如果把所有功能的详细设计结果都记录在一个文档中，势必造成文档过大、不易阅读。于是往往为每个功能单独撰写一份详细设计书，所有功能的详细设计书汇总在一起形成了完整的详细设计书。本章案例就只选取教务系统中面向学生提供的功能作为例子讲述详细设计书的规范写作。

　　在程序描述部分应将本详细设计所涉及的系统的各功能描述清楚，让设计者明确自己要实现的功能，保证详细设计方向的正确性。

10.3.2　页面跳转图

　　页面跳转部分直观地表现了该子系统具备的所有功能，以及各功能之间如何切换、页面如何跳转，各模块之间的调用关系也一览无遗。

　　页面跳转图（参见图 10.2）从某个角度上来说，描述的是系统的使用方法，它直观地告诉人们如何才能执行某些功能。比如说某学生想申请开题答辩，那么该生必须进入到学生主页面之后，选择答辩管理功能，进入答辩状况表示页面之后再选择开题申请，经过这样一个过程就能实现开题答辩的申请了。

　　因此，在绘制页面跳转图时，一定要符合实际的业务处理。

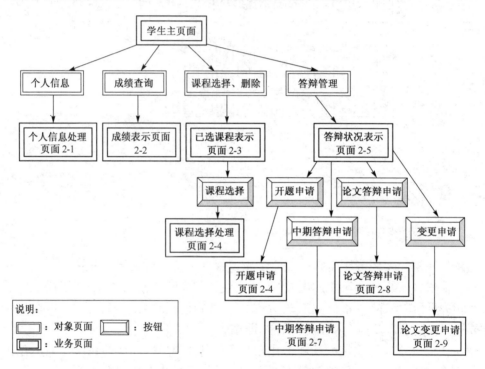

图 10.2　页面跳转图

10.3.3　表示项目说明

No.	项目名称	变量名	属性	位数	操作方式		校验内容			
					状态	备注	必要性	英数字/文字	全角/半角	选择范围
	共通头部									
	返回									

页面ID: 2　　　　页面名称: 学生主页面

说明	①状态栏: R→read only, W→write enable
	②备注栏: 记录该项目的注意点
	③必要性栏: ●必须项目 ○非必须项目
	④选择范围: 该项目在正常情况下的取值范围

页面ID: 2−1　　页面名称: 个人信息处理页面

No.	项目名称	变量名	属性	位数	操作方式		校验内容			
					状态	备注	必要性	英数字/文字	全角/半角	选择范围
	共通头部									
1	学生编号	stu_id	varchar	30	R		●	英数字	半角	
2	学生姓名	stu_name	varchar	30	R		●	文字	全角	
3	身份证号	stu_pid	varchar	30	R		●	英数字	半角	
4	性别	stu_sexual	varchar	20	R		●	文字	全角	
5	民族	stu_nation	varchar	10	R		●	文字	全角	
6	学年	stu_year	integer	30	R		●	英数字	半角	
7	生日	stu_birthday	date	30	R		●	英数字	半角	
8	班级	stu_class	varchar	40	R		●	英数字	半角	
9	政治面貌	stu_polity	varchar	20	W		●	文字	全角	
10	家庭住所	stu_home_address	varchar	20	W		○	文字	全角	
11	邮政编码	stu_home_mailid	varchar	20	W		○	英数字	半角	
12	移动电话号码	stu_mobile	varchar	20	W		○	英数字	半角	
13	家庭电话号码	stu_home_phone	varchar	20	W		○	英数字	半角	
14	寝室电话号码	stu_dorm_phone	varchar	20	W		○	英数字	半角	
15	电子邮箱	stu_mail	varchar	20	W		○	英数字	半角	
16	婚姻状况	stu_marriage	integer	20	W		●	文字	全角	
17	企业指导老师	stu_mentor_company	varchar	20	W		○	文字	全角	
18	学院指导老师编号	stu_mentor_school	varchar	20	W		○	英数字	半角	
19	实习手续	stu_intership	integer	20	R		○	文字	全角	
20	财务	stu_finance	integer	20	R		●	文字	全角	
21	专业	stu_major	varchar	20	W		●	文字	全角	
	返回									

页面ID: 2−2　　页面名称: 成绩表示页面

No.	项目名称	变量名	属性	位数	操作方式		校验内容			
					状态	备注	必要性	英数字/文字	全角/半角	选择范围
	共通头部									
1	课程编号	cou_id	varchar	30	R		●	英数字	半角	
2	课程名称	cou_name	varchar	30	R		●	文字	全角	
3	授课老师编号	cou_tea_id	varchar	30	R		●	文字	全角	
4	开设时间	cou_date	date	20	R		●	英数字	半角	
5	单位	cou_unit	varchar	10	R		●	英数字	半角	
6	课程性质	cou_attribute	varchar	30	R		●	文字	全角	
7	成绩	cou_select_grade	date	20	R		●	英数字	半角	
8	公共必修课必要学分		varchar	10	R		●	英数字	半角	
9	专业必修课必要学分		varchar	10	R		●	英数字	半角	
10	选修课必要学分		varchar	10	R		●	英数字	半角	
11	必修学分合计		varchar	10	R		●	英数字	半角	
12	已选公共必修课学分		varchar	10	R		○	英数字	半角	
13	已选专业必修课学分		varchar	10	R		○	英数字	半角	
14	已选选修课学分		varchar	10	R		○	英数字	半角	
15	已选学分合计		varchar	10	R		○	英数字	半角	
16	已修公共必修课学分		varchar	10	R		○	英数字	半角	
17	已修专业必修课学分		varchar	10	R		○	英数字	半角	
18	已修选修课学分		varchar	10	R		○	英数字	半角	
19	已修学分合计		varchar	10	R		○	英数字	半角	
	返回									

页面ID: 2-3　　页面名称: 已选课程表示页面

No.	项目名称	变量名	属性	位数	操作方式		校验内容			
					状态	备注	必要性	英数字/文字	全角/半角	选择范围
	共通头部									
1	课程编号	cou_id	varchar	30	R		●	英数字	半角	
2	课程名称	cou_name	varchar	30	R		●	文字	全角	
3	授课老师编号	cou_tea_id	varchar	30	R		●	文字	全角	
4	开设时间	cou_date	date	20	R		●	英数字	半角	
5	单位	cou_unit	varchar	10	R		●	英数字	半角	
6	课程性质	cou_attribute	varchar	30	R		●	文字	全角	
8	已选人数									
	返回									

页面ID：	2-4				页面名称：	选择课程处理页面				
No.	项目名称	变量名	属性	位数	操作方式		必要性	校验内容		
					状态	备注		英数字/文字	全角/半角	选择范围
	共通头部									
1	课程编号	cou_id	varchar	30	W		○	英数字	半角	
2	课程名称	cou_name	varchar	30	W		○	文字	全角	
3	开设时间	cou_date	date	20	W		○	英数字	全角	
4	课程性质	cou_attribute	varchar	30	W		○	文字	全角	
5	课程编号	cou_id	varchar	30	R		●	英数字	半角	
6	课程名称	cou_name	varchar	30	R		●	文字	全角	
7	任课老师编号	cou_tea_id	varchar	30	R		●	文字	全角	
8	开设时间	cou_date	date	20	R		●	英数字	半角	
9	单位	cou_unit	varchar	10	R		●	英数字	半角	
10	课程性质	cou_attribute	varchar	30	R		●	文字	全角	
11	已选人数									
	返回									

页面ID：	2-5				页面名称：	答辩进度表示页面				
No.	项目名称	变量名	属性	位数	操作方式		必要性	校验内容		
					状态	备注		英数字/文字	全角/半角	选择范围
	共通头部									
1	个人答辩编号	ce_id	varchar	30	R		●			
2	答辩标题	ce_subject	varchar	30	R		○			
3	论文名字	ce_start_file	varchar	30	R		○			
4	开题时间	ce_start_time	date	20	R		○			
5	论文企业导师确认	ce_start_confirm_comtea	integer	10	R		●			
6	论文学院确认	ce_start_confirm_schtea	integer	30	R		●			
7	论文答辩时间	ce_start_select_time	date	30	R		○			
8	论文答辩时间确认	ce_start_final_time	date	40	R		○			
9	答辩成绩	ce_start_grade	integer	20	R		○			
10	中期答辩文件名	ce_middle_file	varchar	20	R		○			
11	中期时间	ce_middle_time	date	20	R		○			
12	中期企业导师确认	ce_middle_confirm_comtea	integer	20	R		●			
13	中期学院导师确认	ce_middle_confirm_schtea	integer	20	R		●			
14	中期答辩时间	ce_middle_select_time	date	20	R		○			
15	中期答辩时间确认	ce_middle_final_time	date	20	R		○			
16	中期答辩成绩	ce_middle_grade	integer	20	R		○			
17	论文答辩文件名	ce_ultimate_file	varchar	20	R		○			
18	论文时间	ce_ultimate_time	date	20	R		○			
19	论文企业导师确认	ce_ultimate_confirm_comtea	integer	20	R		●			
20	论文学院确认	ce_ultimate_confirm_schtea	integer	20	R		●			
21	论文答辩时间	ce_ultimate_select_time	date	20	R		○			
22	论文答辩时间确认	ce_ultimate_final_time	date	20	R		○			
23	论文答辩成绩	ce_ultimate_grade	integer	20	R		○			
24	题目变更时间	ce_start_chang_time	date	20	R		○			
25	新论文题目	ce_new_subject	varchar	20	R		○			
26	新论文文件名	ce_new_start_file	varchar	20	R		○			
27	新论文学院导师确认	ce_new_start_confirm_comtea	integer	20	R		●			
28	新论文企业导师确认	ce_new_start_confirm_schtea	integer	20	R		●			
29	答辩学生编号	ce_stu_id	varchar	30	R		●			
	返回									

页面ID：	2-6				页面名称：	开题申请页面				
No.	项目名称	变量名	属性	位数	操作方式		必要性	校验内容		
					状态	备注		英数字/文字	全角/半角	选择范围
	共通头部									
1	答辩标题	ce_subject	varchar	30	W		●			
2	开题答辩文件名	ce_start_file	varchar	30	W		●			
	返回									

页面ID：	2-7				页面名称：	中期答辩申请页面				
No.	项目名称	变量名	属性	位数	操作方式		必要性	校验内容		
					状态	备注		英数字/文字	全角/半角	选择范围
	共通头部									
1	答辩标题	ce_subject	varchar	30	R		●			
2	中期答辩文件名	ce_middle_file	varchar	20	W		●			
	返回									

页面ID：	2-8				页面名称：	论文答辩申请页面				
No.	项目名称	变量名	属性	位数	操作方式		必要性	校验内容		
					状态	备注		英数字/文字	全角/半角	选择范围
	共通头部									
1	答辩标题	ce_subject	varchar	30	R		●			
2	毕业答辩文件名	ce_ultimate_file	varchar	20	W		●			
	返回									

No.	项目名称	变量名	属性	位数	操作方式		校验内容			
页面ID:		2-9	页面名称:	论文变更页面	状态	备注	必要性	英数字/文字	全角/半角	选择范围
	共通头部									
1	答辩标题	ce_subject	varchar	30	R		●			
2	新论文标题	ce_new_subject	varchar	20	W		●			
3	新论文文件标题	ce_new_start_file	varchar	20	W		●			
	返回									

页面说明以页面为单位，将本页面中出现的所有项目(包括文字、控件，可输入的、只读的项目都应该包括)进行必要的说明，包括这些项目的逻辑名称、物理名称、属性、校验内容等。页面上的各个项目与数据库的对应关系大致可以从这里看出来。

10.3.4 处理说明

页面ID:	2	页面名称:	学生主页面	
点击链接	跳转页面	处理状态	处理内容	数据库和内部处理关联内容说明
个人信息处理页面	本页面	正常	从数据库的学生信息表stu_table中取得学生信息并在页面表示	从数据库表stu_table中取得数据并在页面上表示
		异常	显示"该数据不存在"错误消息	
成绩表示页面	本页面	正常	从数据库的成绩信息表cou_select_table中取得成绩信息并在页面表示	从数据库表cou_select_table中取得数据并在页面上表示
		异常	显示"该数据不存在"错误消息	
已选课程表示页面	本页面	正常	从数据库的课程选择信息表cou_select_table中取得课程选择信息并在页面表示	从数据库表cou_select_table中取得数据并在页面上表示
		异常	显示"该数据不存在"错误消息	
答辩进度表示页面	本页面	正常	从数据库的个人答辩信息表ce_table中取得答辩信息并在页面表示	从数据库表ce_table中取得数据并在页面上表示
		异常	显示"该数据不存在"错误消息	

页面ID:	2-1	页面名称:	个人信息处理页面	
点击链接	跳转页面	处理状态	处理内容	数据库和内部处理关联内容说明
参看页面XX		正常		
		异常		
按下按钮	跳转页面	处理状态	处理内容	数据库和内部处理关联内容说明
保存	本页面	正常	保存输入的内容	修改数据库表stu_table的相关记录
		异常	错误发生的时候，显示错误消息	
取消	本页面	正常	原始内容表示	保留数据库表stu_table的原始值
		异常	错误发生的时候，显示错误消息	

页面ID:	2-2	页面名称:	成绩表示页面	
点击链接	跳转页面	处理状态	处理内容	数据库和内部处理关联内容说明
参看页面XX		正常		
		异常		
按下按钮	跳转页面	处理状态	处理内容	数据库和内部处理关联内容说明

页面ID:	2-3	页面名称:	已选课程表示页面	
点击链接	跳转页面	处理状态	处理内容	数据库和内部处理关联内容说明
参看页面XX		正常		
		异常		
按下按钮	跳转页面	处理状态	处理内容	数据库和内部处理关联内容说明
删除	本页面	正常	删除不再使用的数据	从数据库表cou_select_table中删除该数据
		异常	错误发生的时候，显示错误消息	
课程选择	选择课程处理页面	正常	从表cou_select_table中取得已选课程信息并在页面上表示	从数据库表cou_select_table中取得数据并在页面上表示
		异常	错误发生的时候，显示错误消息	

页面ID：	2-4	页面名称：	选择课程处理页面	
点击链接	跳转页面	处理状态	处理内容	数据库和内部处理关联内容说明
参看页面XX		正常		
		异常		
按下按钮	跳转页面	处理状态	处理内容	数据库和内部处理关联内容说明
查看	本页面	正常	输入keyword	从数据库表cou_table中查看相关数据
		异常	错误发生的时候，显示错误消息	
选择	本页面	正常	保存输入的内容	更新数据库表cou_select_table的相关记录
		异常	错误发生的时候，显示错误消息	
取消	本页面	正常	原始内容表示	保留数据库表cou_select_table的原始值
		异常	错误发生的时候，显示错误消息	

页面ID：	2-5	页面名称：	答辩进度表示页面	
点击链接	跳转页面	处理状态	处理内容	数据库和内部处理关联内容说明
参看页面XX		正常		
		异常		
按下按钮	跳转页面	处理状态	处理内容	数据库和内部处理关联内容说明
开题申请	开题申请页面	正常	表示目标页面内容	从数据库表ce_table中取得数据并在页面上表示
		异常	错误发生的时候，显示错误消息	
中期答辩申请	中期答辩申请页面	正常	表示目标页面内容	从数据库表ce_table中取得数据并在页面上表示
		异常	错误发生的时候，显示错误消息	
论文答辩申请	论文答辩申请页面	正常	表示目标页面内容	从数据库表ce_table中取得数据并在页面上表示
		异常	错误发生的时候，显示错误消息	
论文变更	论文变更页面	正常	表示目标页面内容	从数据库表ce_table中取得数据并在页面上表示
		异常	错误发生的时候，显示错误消息	

页面ID：	2-6，2-7，2-8，2-9	页面名称：	开题申请页面、中期答辩申请页面、论文答辩申请页面、论文变更页面	
点击链接	跳转页面	处理状态	处理内容	数据库和内部处理关联内容说明
参看页面XX		正常		
		异常		
按下按钮	跳转页面	处理状态	处理内容	数据库和内部处理关联内容说明
保存	答辩进度表示页面	正常	保存输入的内容	修改数据库表ce_table的相关数据
		异常	错误发生的时候，显示错误消息	
取消	答辩进度表示页面	正常	原始内容再表示	保留数据库表ce_table的原始值
		异常	错误发生的时候，显示错误消息	

处理说明用于对页面上可执行的操作进行说明，描述的是程序的处理流程。比如说，在开题申请页面，用户填写完所有必要的信息之后，点击"保存"按钮之后，系统要做的事情是首先要对用户输入的数据进行校验，在校验无误的情况下，也就是处理状态为"正常"的情况下，把用户输入的数据保存到数据库中。这一系列的过程就是处理说明要描述的主要问题。

详细设计中工作量很大的就是对处理流程的设计，处理流程决定了这个系统的工作方式和用户的交互方式。处理流程应该是符合人们日常工作习惯的，不要为了与众不同而设计出一些很奇特的工作流程。

至于如何记录处理流程，就是一个仁者见仁、智者见智的问题了，最关键的地方要把问题明白、清晰、全面地描述出来。对于按下按钮提交申请这一过程，大多数情况是可以正常执行的。但是，作为一个软件系统，无论是软件自身还是外部环境导致的异常情况也时有发生。如果软件设计实现过程中不对这些异常情况进行并做出相应处理，这样的系统将非常脆弱，也许随便输入几个错误数据就会使系统崩溃。所以在详细设计阶段，考虑如何应对这些异常情况是不得不做的工作。

10.3.5 数据流向

页面ID：2-1		页面名称：	个人信息处理页面	
■数据库→页面/文件		□页面/文件→数据库		
No.	数据源	数据目的地		限制条件
	页面项目/文件项目名称	表名、文件名	列名	
1	学生编号		stu_id	
2	学生姓名		stu_name	
3	身份证号		stu_pid	
4	性别		stu_sexual	
5	民族		stu_nation	
6	学年		stu_year	
7	生日		stu_birthday	
8	班级		stu_class	
9	政治面貌		stu_polity	
10	家庭住所		stu_home_address	
11	邮政编码	stu_table	stu_home_mailid	从数据库表stu_table中检索出相关记录并在页面上表示
12	移动电话号码		stu_mobile	
13	家庭电话号码		stu_home_phone	
14	寝室电话号码		stu_dorm_phone	
15	电子邮箱		stu_mail	
16	婚姻状况		stu_marriage	
17	企业指导导师		stu_mentor_company	
18	学院指导导师编号		stu_mentor_school	
19	实习手续		stu_intership	
20	财务		stu_finance	
21	专业		stu_major	

□数据库→页面/文件		■页面/文件→数据库		
往数据库更新的页面操作：按下提交按钮				
No.	数据目的地	数据源		限制条件
	页面项目/文件项目名称	表名、文件名	列名	
1	政治面貌		stu_polity	
2	家庭住所		stu_home_address	
3	邮政编码		stu_home_mailid	
4	移动电话号码		stu_mobile	
5	家庭电话号码		stu_home_phone	
6	寝室电话号码	stu_table	stu_dorm_phone	根据页面输入内容向表stu_table中插入新记录
7	电子邮箱		stu_mail	
8	婚姻状况		stu_marriage	
9	企业指导导师		stu_mentor_company	
10	学院指导导师编号		stu_mentor_school	
11	专业		stu_major	

页面ID：2-2		页面名称：	成绩表示页面	
■数据库→页面/文件		□页面/文件→数据库		
No.	数据源	数据目的地		限制条件
	页面项目/文件项目名称	表名、文件名	列名	
1	课程编号		cou_id	

No.	页面项目/文件项目名称	表名、文件名	列名	限制条件
2	课程名称		cou_name	
3	授课老师编号		cou_tea_id	
4	开设时间		cou_date	
5	单位		cou_unit	
6	课程性质		cou_attribute	
7	成绩		cou_select_grade	
8	公共必修课必要学分			从数据库表cou_select_table中检索出相关记录并在页面上表示
9	专业必修课必要学分			
10	选修课必要学分	cou_select_table		
11	必修学分合计			
12	已选公共必修课学分			
13	已选专业必修课学分			
14	已选选修课学分			
15	已选学分合计			
16	已修公共必修课学分			
17	已修专业必修课学分			
18	已修选修课学分			
19	已修学分合计			

□数据库→页面/文件　■页面/文件→数据库

往数据库更新的页面操作：按下提交按钮

No.	数据目的地 / 页面项目/文件项目名称	数据源 / 表名、文件名	列名	限制条件

页面ID：2-3　页面名称：已选课程表示页面

■数据库→页面/文件　□页面/文件→数据库

No.	数据源 / 页面项目/文件项目名称	数据目的地 / 表名、文件名	列名	限制条件
1	课程编号		cou_id	
2	课程名称		cou_name	
3	授课老师编号		cou_tea_id	从数据库表cou_select_table中检索出相关记录并在页面上表示
4	开设时间	cou_select_table	cou_date	
5	单位		cou_unit	
6	课程性质		cou_attribute	
7	已选人数			

□数据库→页面/文件　■页面/文件→数据库

往数据库更新的页面操作：按下提交按钮

No.	数据目的地 / 页面项目/文件项目名称	数据源 / 表名、文件名	列名	限制条件

页面ID：2-4　页面名称：选课处理页面

■数据库→页面/文件　□页面/文件→数据库

No.	数据源 / 页面项目/文件项目名称	数据目的地 / 表名、文件名	列名	限制条件
1	课程编号		cou_id	
2	课程名称		cou_name	
3	授课老师编号	cou_select_table	cou_tea_id	从数据库表cou_select_table中检索出相关记录并在页面上表示
4	开设时间		cou_date	
5	单位		cou_unit	
6	课程性质		cou_attribute	

□数据库→页面/文件　■页面/文件→数据库

往数据库更新的页面操作：按下提交按钮

No.	数据目的地 / 页面项目/文件项目名称	数据源 / 表名、文件名	列名	限制条件
1	课程编号		cou_id	
2	课程名称	cou_select_table	cou_name	根据页面输入的内容更新表cou_select_table的相关字段
3	开设时间		cou_date	
4	课程性质		cou_attribute	

页面ID:2-5		页面名称:	答辩进度表示页面	
■数据库→页面/文件		**□页面/文件→数据库**		
No.	数据源	数据目的地		限制条件
	页面项目/文件项目名称	表名、文件名	列名	
1	个人答辩编号		ce_id	
2	答辩标题		ce_subject	
3	论文名字		ce_start_file	
4	开题时间		ce_start_time	
5	论文企业导师确认		ce_start_confirm_comtea	
6	论文学院导师确认		ce_start_confirm_schtea	
7	论文答辩时间		ce_start_select_time	
8	论文答辩时间确认		ce_start_final_time	
9	答辩成绩		ce_start_grade	
10	中期答辩文件名		ce_middle_file	
11	中期时间		ce_middle_time	
12	中期企业导师确认		ce_middle_confirm_comtea	
13	中期学院导师确认		ce_middle_confirm_schtea	
14	中期答辩时间		ce_middle_select_time	从数据库表ce_table中检索出
15	中期答辩时间确认	ce_table	ce_middle_final_time	相关记录并在页面上表示
16	中期答辩成绩		ce_middle_grade	
17	论文答辩文件名		ce_ultimate_file	
18	论文时间		ce_ultimate_time	
19	论文企业导师确认		ce_ultimate_confirm_comtea	
20	论文学院导师确认		ce_ultimate_confirm_schtea	
21	论文答辩时间		ce_ultimate_select_time	
22	论文答辩时间确认		ce_ultimate_final_time	
23	论文答辩成绩		ce_ultimate_grade	
24	题目变更时间		ce_start_chang_time	
25	新论文题目		ce_new_subject	
26	新论文文件名		ce_new_start_file	
27	新论文学院导师确认		ce_new_start_confirm_comtea	
28	新论文企业导师确认		ce_new_start_confirm_schtea	
29	答辩学生编号		ce_stu_id	
□数据库→页面/文件		**■页面/文件→数据库**		
往数据库更新的页面操作：按下提交按钮				
No.	数据目的地	数据源		限制条件
	页面项目/文件项目名称	表名、文件名	列名	

页面ID:2-6		页面名称:	开题申请页面	
■数据库→页面/文件		**□页面/文件→数据库**		
No.	数据源	数据目的地		限制条件
	页面项目/文件项目名称	表名、文件名	列名	
□数据库→页面/文件		**■页面/文件→数据库**		
往数据库更新的页面操作：按下提交按钮				
No.	数据目的地	数据源		限制条件
	页面项目/文件项目名称	表名、文件名	列名	
1	答辩标题	ce_table	ce_subject	根据页面输入的内容更新表
2	开题答辩文件名		ce_start_file	ce_table的相关字段

页面ID:2-7		页面名称:	中期答辩申请页面	
■数据库→页面/文件		**□页面/文件→数据库**		
No.	数据源	数据目的地		限制条件
	页面项目/文件项目名称	表名、文件名	列名	
1	答辩标题	ce_table	ce_subject	从数据库表ce_table中取得答辩标题并在页面上显示
□数据库→页面/文件		**■页面/文件→数据库**		
往数据库更新的页面操作：按下提交按钮				
No.	数据目的地	数据源		限制条件
	页面项目/文件项目名称	表名、文件名	列名	
1	中期答辩文件名	ce_table	ce_middle_file	根据页面输入的内容更新表 ce_table的中期答辩文件名

页面ID：2−8		页面名称：	论文答辩申请页面	
■数据库→页面/文件　　□页面/文件→数据库				
No.	数据源	数据目的地		限制条件
	页面项目/文件项目名称	表名、文件名	列名	
1	答辩标题	ce_table	ce_subject	从数据库表ce_table中取得答辩标题并在页面上显示
□数据库→页面/文件　　■页面/文件→数据库				
往数据库更新的页面操作：按下提交按钮				
No.	数据目的地	数据源		限制条件
	页面项目/文件项目名称	表名、文件名	列名	
1	毕业答辩文件名	ce_table	ce_ultimate_file	根据页面输入的内容更新表ce_table的毕业答辩文件名

页面ID：2−9		页面名称：	论文变更页面	
■数据库→页面/文件　　□页面/文件→数据库				
No.	数据源	数据目的地		限制条件
	页面项目/文件项目名称	表名、文件名	列名	
1	答辩标题	ce_table	ce_subject	从数据库表ce_table中取得答辩标题并在页面上显示
□数据库→页面/文件　　■页面/文件→数据库				
往数据库更新的页面操作：按下提交按钮				
No.	数据目的地	数据源		限制条件
	页面项目/文件项目名称	表名、文件名	列名	
1	新论文标题	ce_table	ce_new_subject	根据页面输入的内容更新表ce_table的相关字段
2	新论文文件标题		ce_new_start_file	

　　数据是所有软件加工的素材，软件把用户关心的数据以某种形式编辑之后在页面上展现出来，用户又可以通过页面把实际数据交给软件进行加工并存放在数据库中。数据流向描述的就是数据在页面和数据库之间的流动关系。有些页面只是单纯地显示内容，有些页面可以接受用户输入并存入数据库，另一些既可以显示也可以接受输入。无论数据是从数据库流向页面，还是由页面存入数据库，数据流向在详细设计的过程中，从另一个侧面描述了系统的处理流程。

10.4　算法

　　本程序在实现上无特殊或复杂的算法。

　　《算法导论》中提到，所谓算法(algorithm)就是定义良好的计算过程，它取一个或一组作为输入，并产生一个或一组作为输出。所以，算法就是一系列的计算步骤，用来将输入数据转换成输出结果。目前对于某类问题已经研究出了各种各样的算法，这些算法有的具有良好的空间效应，有的算法在时间上具有优势，有的算法还能兼具二者之长。为解决系统的需求，选择合适的算法也是详细设计中必须完成的事情。类似功能在其他子模块或者其他系统中可能已经有现成的算法，这时候可以直接加以利用，不一定非得原创，软件开发中代码、组件等的复用就是提高生产效率降低错误率的一个好办法。当然，如果本系统的问题太特别，目前已经存在的算法无法很好地解决问题的话，自创算法是必然的结果。

　　算法需要被表达出来，只有将算法运用到实际的系统中它的价值才得以体现和衡量。

如何将算法表达出来呢？一般说来，一个算法可以用自然语言、计算机程序语言或其他语言来说明，唯一的要求是该说明必须精确地描述计算过程。描述算法最合适的语言是介于自然语言和程序语言之间的伪语言。它的控制结构往往类似于 Pascal、C 等程序语言，但其中可使用任何表达能力强的方法使算法表达更加清晰和简洁，而不至于陷入具体的程序语言的某些细节。通常可以借助以下几种形式来描述算法。

（1）流程图

使用图形表示算法的思路是一种极好的方法，因为千言万语不如一幅图。流程图在汇编语言和早期的BASIC语言环境中得到应用，由于其中的转向过于任意，带来了许多副作用，因此现已趋于消亡。较新的是有利于结构化程序设计的 PAD 图，对 Pascal 或 C 语言都极适用。

流程图是流经一个系统的信息流、观点流或部件流的图形代表。在企业中，流程图主要用来说明某一过程。这种过程既可以是生产线上的工艺流程，也可以是完成一项任务必需的管理过程。

例如，一张流程图能够成为解释某个零件的制造工序，甚至组织决策制定程序的方式之一。这些过程的各个阶段均用图形块表示，不同图形块之间以箭头相连，代表它们在系统内的流动方向。下一步何去何从，要取决于上一步的结果，典型做法是用"是"或"否"的逻辑分支加以判断。

绘制流程图的步骤，为便于识别，绘制流程图的习惯做法如下：

● 事实描述用椭圆形表示。

● 行动方案用矩形表示。

● 问题用菱形表示。

● 箭头代表流动方向。

（2）N-S 图

流程图由一些特定意义的图形、流程线及简要的文字说明构成，它能清晰明确地表示程序的运行过程。在使用过程中，人们发现流程线不一定是必需的，为此，人们设计了一种新的流程图，它把整个程序写在一个大框图内，这个大框图由若干小的基本框图构成，这种流程图简称 N-S 图。

N-S 图可以由以下三种基本程序结构构成：

①顺序结构 N-S 图。

②选择结构 N-S 图。

③循环结构 N-S 图。

a. 当型循环。

b. 直到型循环。

（3）PAD 图

PAD 是问题分析图（Problem Analysis Diagram）的英文缩写，自 1973 年由日本日立公司发明以来，已经得到一定程度的推广。它用二维数形结构图表示程序的控制流，将这种图转换为程序代码比较容易。PAD 图的基本符号如图 10.3 所示。

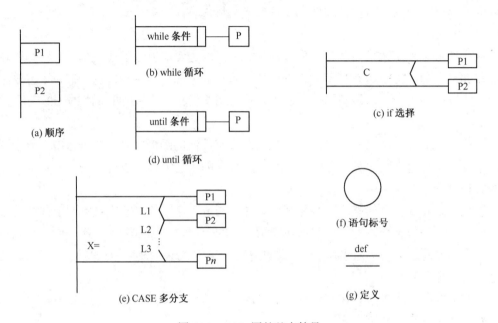

图 10.3　PAD 图的基本符号

PAD 图的优点如下：

① 使用表示结构优化控制结构的 PAD 符号所设计出来的程序必然是程序化程序。

② PAD 图所描述的程序结构十分清晰。图中最左边的竖线是程序的主线，即第一层控制结构。随着程序层次的增加，PAD 图逐渐向右延伸，每增加一个层次，图形向右扩展一条竖线。PAD 图中竖线的总条数就是程序的层次数。

③ 用 PAD 图表现程序逻辑，易读、易懂、易记。PAD 图是二维数型结构的图形，程序从图中最左边上端的节点开始执行，自上而下，从左到右顺序执行。

④ 很容易将 PDA 图转换成高级程序语言源程序，这种转换可由软件工具自动完成，从而可省去人工编码的工作，有利于提高软件可靠性和软件生产率。

⑤ 既可用于表示程序逻辑，也可用于描述数据结构。

⑥ PAD 图的符号支持自顶向下、逐步求精方法的使用。开始时设计者可定义一个抽象程序，随着设计工作的深入而使用"def"符号逐步增加细节，直至完成详细设计。

除了上面提到的三种描述算法的方式外，还有很多其他描述方式，但是无论采用何种形式来描述算法，让程序员看到该算法的描述之后明白如何进行编码才是根本目的。对于一些功能比较简单的系统，如果它的实现不需要什么特别算法的情况下，可以如本案例一样，不用多花笔墨来描述。

10.5　接口

用图的形式说明本程序所隶属的上一层模块及隶属于本程序的下一层模块、子程序，说明参数赋值和调用方式，说明与本程序直接关联的数据结构(数据库、数据文卷)。

在理想的情况下，本模块应该包含的所有类、类的属性和方法、类之间的关系等内容应该在详细设计阶段被定义，到了编码阶段只需要把这些定义好的内容直接用某种开发语言写出来即可。我们不应该通过直接写代码然后运行起来看看是不是系统需要的效果(现在不是需求阶段，不需要通过做原型系统来做需求分析)，因为代码需要运行环境、需要上下层的调用与被调用模块的支持等才能运行起来。如果不是一个经验丰富的开发者，直接进行开发的话效率不高，很多需求细节考虑不周，容易出 bug 且经常返工。在设计阶段，通常还会由经验丰富的人对设计结果进行复查，指出其中设计不当的地方，尽可能把实现阶段可能遇到的问题都考虑到并做出相应对策。通过在详细设计阶段仔细分析、精心设计，不但要确定各个模块的功能，还要确定各模块之间的接口、方法的调用关系等，这样才能保证模块自身功能的正确性，以及模块与模块之间调用关系的正确性，确保多人合作开发的代码最终能成为一个整体。

10.6　存储分配

无特殊的存储要求。

存储分配可以根据需要，说明本程序的存储分配。

10.7　注释设计

类：在类的头部要对此类的功能进行简要介绍，附带版本信息、作者、创建日期。

方法：在方法声明的头部，需包含该方法提供的功能，简单的处理过程，所有参数的类型、作用说明以及返回值的类型、作用说明。在方法实现的关键地方，还要附上处理方式的说明。

变量：变量在声明时，也需要有变量名的含义说明。

注释设计用于说明准备在本程序中安排的注释，如：

(a) 加在模块首部的注释。

(b) 加在各分支点处的注释。

(c) 对各变量的功能、范围、默认条件等所加的注释。

(d) 对使用的逻辑所加的注释等。

众所周知,没有必要注释的代码是难于阅读和理解的,是软件维护人员常常遇到的比较头疼的问题。如果开发过程中能稍微花费点时间在代码的注释上,将会大大地节约软件维护期的工作量,特别是在维护人员和开发人员不是同一人的情况下。

如何为代码写注释不是本书讨论的问题,大家可以参考一些标准类库的帮助文档或者源代码,比如 msdn、javadoc 这些被公认为是具有很优秀的软件注释。

关于注释设计,通常整个项目共用一套标准,甚至某种类型的项目都可以共享一套注释标准。注释设计常常被认为是编程规范的一部分,编程规范对于多人合作开发、代码的后期维护具有重要作用。无论有多少人合作开发一个项目,如果大家都能遵守同样的编程规范,这样不但可以让不同的人写出来的代码看起来像是同一个人写的,而且最重要的是,良好的编码习惯让代码具有很高的可读性。由于编程规范在软件的实现中具有如此重要的作用,编程规范往往单独形成一个文件,其中包含了编写代码过程中应该遵守的各个方面的内容,当然也包括注释设计。编程规范必须在编码开始之前制定、编写完成,这样程序员在实际编码时才有章可循。

注释,从软件的功能上来看,虽然不是必不可少的部分,但是它已经成为所有软件相关人员公认的必要组成部分。每名程序员都应该充分地认识到注释的作用,并且在实际的编码过程中认真对待。模糊甚至是错误的注释,比没有注释更让人头疼。在代码的修正过程中,相关注释的修正往往被忽略,经过一次又一次的代码修正,也许代码已经被改得面目全非,所提供的功能已经和原来完全不同了,这时候不对注释进行同步修正的话,代码阅读者容易被注释误导,浪费大量宝贵的时间。所以,要写注释,要认认真真地写注释。

10.8　限制条件

限制条件用于说明本程序运行中所受到的限制。比如说某 Java 程序在运行时需要至少多大内存、需要多大的硬盘空间、需要什么其他辅助软件、什么样的外部输入才是合法的等,这些限制的本质目的是为了保证程序能够正常运行。因为我们不能期望程序像人类一样智能,即使是人类,如果不提供大米的话,谁也做不出香喷喷的米饭来。所以如果程序运行需要什么特殊的限制条件的话,一定要清楚地记录下来,这一点在用户手册中尤其重要。

10.9 测试计划

测试计划用于说明对本程序进行单体测试的计划，包括对测试的技术要求、输入数据、预期结果、进度安排、人员职责、设备条件驱动程序及模块等的规定。

本章小结

通过本章的案例分析，从引言、程序系统的结构、程序设计说明、算法、接口、存储分配、注释设计、限制条件和测试计划等方面讲述了详细设计书的写作方法和技巧。

详细设计的根本目的是确定如何实现系统，本阶段的关键点就是内容详细、方法可行、算法优化。

内容详细是指详细设计的结果被记录在详细设计书中，作为下一阶段编码人员的开发依据，它必须包含编码过程中要用到的各方各面。

方法可行指详细设计阶段是为了确定具体的实现，此时设计出的实现方法必须是正确可行的，如果设计方案考虑欠周全或者不正确的话，编码人员按照这样的设计思路编出来的软件肯定是有缺陷或者不正确的。如果在详细设计阶段做了这类无用功，不但浪费人力又浪费物力，而且项目的进度还会被耽误，这是一个很严重的问题。不要因为急于编码而对详细设计敷衍了事，把具体的实现细节留待编码时再考虑，正如俗话说的好"三思而后行"，考虑周全之后再行动往往能达到事半功倍的效果。因此，在详细设计阶段多思考，把编码时可能遇到的问题以及对策都考虑周全。

算法优化可以这样理解，从北京到罗马有许许多多路可以走，如果为了最短时间到达罗马，则应该选择路程最短的道路；但是如果为了沿途尽量多地旅游参观，则应该选择途经城市比较多的路线。实现某一个需求虽然可以有多种方式，但是另一方面，人们又希望软件占用系统资源少、响应时间短、性能好，这样一来，我们在满足需求的前提下，要尽可能地优化算法，以此来提高软件的性能，增加客户的满意度。算法的优化也不应该留待编码时再考虑，正如要把一块璞玉琢成玉镯这件事，一开始就不假思索地把它琢成了圆形玉镯(这是最为常见的一种款式)，但其实这是一块椭圆形的璞玉，如果琢成椭圆形玉镯的话，能最大程度地减少废料的产生。所以，算法优化也要尽可能地在详细设计阶段完成。

参考文献

[1] 史济民，顾春华，李昌武，苑荣. 软件工程：原理、方法与应用. 北京：高等教育出版社，2002

[2] 王兴芬等. 基于校园网络的综合教务管理系统的设计与实现. 东北农业大学学报，2000，31(1)

[3] 潘蕾. 网上教务管理系统的设计与实践. 实验室研究与探索，2000，（2）

[4] 吴会丛，秦敏，赵玲玲. 高校教务管理信息系统的设计与实现. 河北工业科技，2001，70（18）

[5]《某高校研究生教务管理系统》详细设计书

习题

1．名词解释

(1) 页面跳转图　　　　　　　(5) 流程图
(2) 处理说明　　　　　　　　(6) N-S 图
(3) 数据流向　　　　　　　　(7) PAD 图
(4) 算法　　　　　　　　　　(8) 类

2．问答题

(1) 详细设计的根本目的是什么，本阶段的关键点是什么？
(2) 详细设计要详细到什么程度，这样做的目的是什么？
(3) 通常可以借助哪些形式来描述算法？
(4) N-S 图可以由哪几种基本程序结构构成？
(5) 为什么要写代码的注释？

3．论述题

(1) 通过本章的案例分析，你是如何理解详细设计书的写作要点的？
(2) 参考本章的案例，写一份《本科生教务管理系统》的详细设计书。

第 11 章

详细设计书案例分析二

——中国教育信息化系统案例分析

前一章以一个典型案例讲述了详细设计书的基本写作方法和技巧，本章将以另一类型的典型案例——Web 应用系统《中国教育信息化系统》为案例进一步讲述实际开发项目的详细设计书的写作方法和技巧。

《中国教育信息化系统》是受某公司的委托，开发建设一个以中国教育信息化相关信息为内容的网站。各级教育部门或者中央、地方政府在推进教育行业信息化的过程中，相关设备的需求信息、设备提供商的商品信息等，都可以在该网站上获得。也就是说，该网站是为了解决教育信息化过程中的供需信息共享而建立的，希望它能成为教育部门、政府和企业之间的交流平台。此处假定已经完成了该系统的需求分析和概要设计，需求分析书和概要设计书都已经写完。《中国教育信息化系统》经过概要设计阶段之后，得出本系统的功能划分，总共包括五大功能：用户注册、用户登录、用户信息管理、系统管理和检索功能。本章以检索功能为例子，讲述如何进行详细设计以及在详细设计书的书写过程中应该注意的地方。

11.1 案例分析

以前我们经常用盖房子来比喻软件开发的整个过程，其实就连简单的做饭过程也类似于软件开发。世界上的任何事情，都是在自然规律的作用下发生的，软件工程的发展也同样符合这些自然规律。

需求分析对于做饭这个过程来说就确定风格和口味。大厨师向客人问到"您今天想吃什么菜呀？"客人想了想回答说："今天吃中国菜吧"。于是大厨师就开始想，中国地域辽阔，各地做法不同、各有特点并形成独具特色的菜系(若干可供选择的体系结构——概要设计)，这位客人到底是想吃什么菜系呢？客人最后表明想吃北京菜，大厨师一拍脑袋，明白了，这下非烤鸭莫属了。但是，最近大厨师的手受了伤，暂时不能亲自掌厨，只能交给年轻一辈的小徒弟来做了。但是这小徒弟从没做过烤鸭，这可怎么办呀。这时候，只见大厨师不慌不忙地拿出纸和笔，仔仔细细地写下制作烤鸭的菜谱，写完之后对小徒弟语重心长地说"这就是我们祖传烤鸭的制作方法"——到这里详细设计书终于出来了。接下来就由小徒弟按照制作方法一步一步地做了，在做的过程中有不对的地方还要不断接受大厨师的指正——测试修改 bug 的过程。最后烤鸭出炉，装盘上菜，接受顾客的验收——产品验收。

大厨师的菜谱，就是我们的详细设计书。

菜谱第一行写着：烤鸭。表明这是制作"烤鸭"这道菜的方法，起到开篇明义的作用。详细设计书也应该包含这样的内容，体现在"功能"这一项上。

功能：这是一个检索功能。通过关键字和查询类型的组合，将站内数据库中符合条件的信息展现在用户面前。其 IPO 图如下：

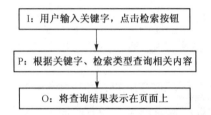

一个菜谱应该包含本道菜要用到的所有材料，包括主料、配料。对于详细设计书而言，这主料和配料就是实体类。本功能需要用到什么样的实体类，该类包含哪些内容成员变量等，都应该在这里设计完成。

菜谱当中描述完材料之后，通常会接着告诉读者如何加工这些材料，比如说黄瓜和大葱要切丝，虽然都是切丝，黄瓜丝不要太细，而葱丝则是越细越好，胡萝卜要切花……这个体现在详细设计中就是对页面项目的描述。页面项目的描述一方面是为了给页面的每个项目起个名字，比如说不少网站最顶上一行有很多表示新闻分类的链接，比如体育、财经、国内、国外、数码等不同的专栏，这个往往被称为"导航栏"。在详细设计其他地方只要一提到"导航栏"，大家就会很自然地明白说的是页面上的哪个元素，正如同说到"张三李四"听众就知道在谈论哪个人一样。另一方面，页面项目描述还是对页面各项目相关限制的描述，比如说关键字最长只能输入 50 个字符等。对于页面上各个项目的这种限制条件，如果采用文字来描述，相同的字眼常常会重复很多次，不但乱，而且难于查找。改成表格的形式则一目了然，项目 A 具有什么属性、有什么相关的限制条件等，只要通过横向查找就能明白，简单易懂。下面就是案例系统的页面项目描述：

说明　①状态栏：R→read only，W→write enable
　　　②备注栏：记录该项目的注意点
　　　③必要性栏：●必须项目　○非必须项目
　　　④选择范围：该项目在正常情况下的取值范围

页面ID:	GM01		页面名称:		新闻检索页面				
				操作方式		校验内容			
No.	项目名称	变量名	位数	状态	备注	必要性	英数字/字符	全角/半角	选择范围

1	检索内容	keyword	50	W		●	英数字	半角	数字（0-9）、英文字母（a-z, A-Z）
2	检索类型		50	W		●	字符	全角	

页面ID:		GM01	页面名称:			企业、商品检索页面			
				操作方式			校验内容		
NO.	项目名称	变量名	位数	状态	备注	必要性	英数字/字符	全角/半角	选择范围
1	检索内容	keyword	50	W			英数字	半角	
2	检索类型		50	W		●	字符	全角	

准备工作都做完了，包括选料、洗、切、腌等，这时候就要开始挂炉烤鸭了。如何挂炉、什么时候翻面、什么时候出炉，这些就成为具体的加工步骤。大厨师采用自然语言给小徒弟描述了这一加工过程，而软件开发有它自己的辅助方法来描述，本章案例采用了流程图来描述用户点击"检索"按钮之后的一系列加工过程。流程图如下所示：

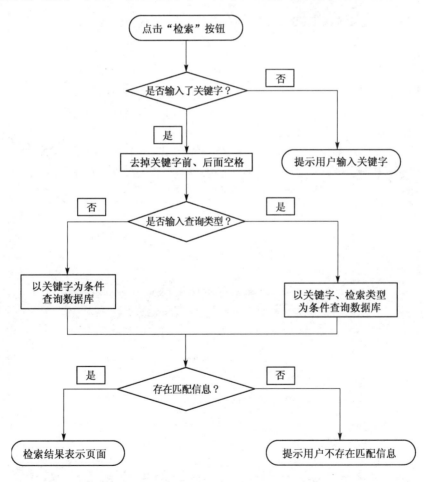

　　随着照相技术、印刷技术的普及与提高，现在教人们烹饪的菜谱不仅仅包含苍白的文字描述，还会附上本道菜做出来的实物图。在详细设计书中，如果开发的是有界面的系统，也应该附上本功能的界面图，案例如下：

11.2 详细设计的工具

在第 8 章中我们介绍了流程图、N-S 图和 PAD 图这三种描述详细设计过程的工具，本章接着给出另外几种描述方法，读者可以根据问题特点、自己的喜好来决定采用何种方式。

11.2.1 判定表

有一类问题，它的关联条件多，不同的条件组合在一起会产生不同的结果，当条件多到一定程度时，用语言来描述就显得杂乱无章而且很难理解，此时可用判定表来描述该问题就显得尤其清晰明了。

判定表通常由四部分组成(参见表 11.1)，其间用双线条或粗线条分开，左上部称为条件(conditions stub)，列出可能影响决策的一组条件；右上部称为条件项(condition entries)，此处列出各种可能的条件组合；左下部称为操作(action stub)，列出能执行的所有的操作；右下部称为操作项(action entries)，此处列出在对应的条件组合下所采取的操作。表的右部一般由复数列组成，每个条件的选择项相乘得到表的最大列数，假设有四个条件，每个条件有两个选择，那么就有 16 种可能(2×2×2×2)。实际上有些条件的组合可能不存在，这时候就可以把这些组合去掉，达到简化判定表的目的。

例如，某商场的会员积分规则如下："从成为会员日开始独立计算会员资格时间，在本商场消费除珠宝、首饰、高档手表、大型家电以外的商品，每消费十元可以得一个积分，珠宝首饰等每百元得一个积分；当会员的积分小于1000分时，采用前述积分方案；当会员基本大于等于1000且小于 5000 时，每次除正常积分外，还将获得本次积分 50%的奖励积分；当积分大于等于5000分时，奖励积分为本次积分的 100%"。这个处理逻辑可以描述为以下形式。

表 11.1 判定表

目前积分< 1000	T	T	F	F	F	F
1000≤目前积分<5000	F	F	T	T	F	F
目前积分≥5000	F	F	F	F	T	T
购买珠宝首饰、高档手表、大型家用电器	T	F	T	F	T	F
M/100	×					
M/10		×				
M/100×1.5			×			
M/10×1.5				×		
M/100×2			.		×	
M/10×2						×

由上面的判定表可以很容易地知道该商场的积分规则。

从这个例子可以看出，判定表能够简洁而无歧义地描述处理规则，并且可以利用布尔代数的方法对判定表进行简化，从而得出最本质的处理规则。由此可见，当需要描述的处理规则由一组操作组成，是否执行某些操作又取决于一组条件时，用判定表来描述这组规则是比较清晰而直观的。另一方面，判定表虽然清晰易懂，但是只适合描述条件，想用其来描述循环基本上不太可能。根据判定表的特点，在需要的地方尽情地使用。

11.2.2　判定树

判定树（Decision Tree）又称决策树，是一种用来表示逻辑判断问题的图形工具，适合描述问题处理中具有多个判断，而且每个决策与若干条件有关。判定树的左侧（称为树根）为加工名，中间是各种条件，所有的行动都列于最右侧。使用判定树进行描述时，应该从问题的文字描述中分清哪些是判定条件，哪些是判定的决策，根据描述材料中的联结词找出判定条件的从属关系、并列关系、选择关系，根据它们构造判定树。

判定树和文字叙述比起来，一目了然，清晰地表达了在什么情况下采取什么策略，不易产生逻辑上的混乱。

判定树与判定表相比较，判定表虽然能清晰地表示复杂的条件组合与应做的动作之间的对应关系，但其含义却不是一眼就能看出来的，初次接触这种工具的人要理解它需要有一个简短的学习过程。所以说，在直观程度上判定树优于判定表。但是判定表在进行逻辑验证方面比较严格，能把所有的可能性全部都考虑到。而且可以利用逻辑代数的知识进行简化重组。这样看来，可以将判定表和判定树二者结合起来，先用判定表做底稿，在此基础上产生判定树。

下面是一个判定树的例子：

虽然判定树比判定表更直观，却不如判定表简洁，数据元素的同一个值往往要重复写多遍，而且越接近树的叶端重复次数越多。另一方面，画判定树的复杂程度会根据条件分支的先后顺序不同而产生很大的区别。所以在绘制判定树时，应该仔细考虑各条件分支的先后顺序，力争绘制出简洁明了的判定树。

11.2.3　过程设计语言

过程设计语言（Process Design Language，PDL），也称程序描述语言（Program Description Language），又称为伪码。它不像某种具体的编程语言具有自己的语法定义，但是它往往会利用某种编程语言的关键字来帮助表达设计内容，而且所利用的关键字会随着项目的不同而不同。比如说同样是描述"判断条件"，一个Java项目写出来的伪码可能是 IF…ELSE…，而对于一个 VB 项目，它可能就被写为 IF…THEN…ELSE 的形式。虽然这些关键字不一样，但是在 IF…ELSE 之间对判断条件的描述还是一致的，都采用了自然语言，例如"IF 目前积分 ＜1000"。

作为一种设计工具，PDL 也有自己独特的一些优点：

(1) 可作为注释直接插在源程序中间。这样做能促使维护人员在修改程序代码的同时，相应地修改 PDL 注释，因此有助于保持文档和程序的一致性，提高文档的质量。

(2) 可用普通的正文编辑程序或文字处理系统，很方便地完成PDL的书写和编辑工作。

(3) 已经有自动处理程序存在，而且可以自动由 PDL 生成程序代码。

PDL 的缺点是不如图形工具形象直观，描述复杂的条件组合与动作间的对应关系时，不如判定表清晰简单。

详细设计阶段的设计工具有多种，他们又各自拥有自己的优缺点，没有绝对的完美与缺陷，分析模块加工处理的个性，选择合适的描述方法也是详细设计要做的事情之一。

11.3　详细设计书的注意事项

11.3.1　详细设计书的划分

对于需求分析书和概要设计书而言，一个系统只会有唯一的一份文档，因为无论是需求分析书还是概要设计书，都是针对整个系统而言的，他们面对的对象是软件系统这个完整的整体。需求分析书描述这个软件系统包含的所有功能和性能需求，概要设计决定整个软件系统的框架、采用的技术路线。对于一个软件系统而言，需求、框架这些都是唯一的，所以也只会产生唯一的一份需求分析书和概要设计书。详细设计则与此不同。一个应用系统往往由若干功能组成，这就决定了该系统的实现也应是逐个功能地实现，它们也许是由多个人分别负责其中的某个功能同时并行开发，也有可能是一个人负责多个功能，逐个串行地开发。无论是串行还是并行，都是以功能模块为单位进行开发的。由此可见，详细设计书的划分应该和功能模块的划分一致。但这个划分也不是绝对的，当有些功能相关性很强时，它们的详细设计往往被写在同一份文件中，因为在实际构造系统时，这些功能往往同时分配给一个人而不会拆开分给多个人。比如说《中国教育信息化系统》中的检索功能，它可以分为新闻检索和企业、商品检索两个功能，因为这两个功能非常类似，从实现的角度来看，也许只是查询的表和字段不一样，返回查询结果的表现形式不同而已。对于这样的情况，人们很自然地会将两者合二为一，两者的详细设计书自然也合并在一起了。所以说，详细设计书的划分单位应该参考功能的划分又不局限于功能的划分。

11.3.2   详细设计书的命名

文件的保存位置和文件名称二者结合，唯一标识了一个文件。文件名的命名与编程中给变量命名一样，要符合"见名识意"的原则，即看到文件名就能明白该文件的主要内容，不能起一些毫无意义的形如 A、B、C 一类的文件名。在对功能模块进行划分时，为了便于管理和描述，常常会对这些功能模块进行编号(使用数字、字符等，这些编号还能表达出各功能模块之间的层级关系)，在为详细设计书命名时，虽然可以将这些编号作为文件名，但这不是一个好的建议，因为人们在不熟悉这些编号时无法快速地找到自己想要的详细设计书。这时候，功能模块的实际名称就可以很快地帮助人们定位。但由于文字的排序不如数字、字母那么显而易见，所以，比较好的详细设计书的命名方法可以采用功能模块的编号+功能名称。

11.3.3   详细设计书的细致程度

详细设计书对我们来说是非常重要的，一本好的设计书能提前预计编码中遇到的问题、提出解决办法、降低编码的难度、节约编码时间，最关键的是保证了代码的质量。

目前，有的详细设计书大致地描写了程序的流程但不是十分具体详细，只是概述，也会略包含点业务；在另一些详细设计书中，将程序流程写得十分详细具体，函数调用、分支判断、SQL 语句等都在详细设计书中详细记录，只要将这些自然语言描述的处理过程转化为相关的编程语言就能完成本功能模块的编码工作。

理想状态下，我们希望设计师们能在详细设计阶段结束时给出第二种详细设计书，这样下一步的编码工作无论交给谁都能准确无误地完成，甚至可以外包给第三方进行开发。对于第一种设计书，只有设计者和编码者是同一人的情况下才能实现详细设计到编码的过渡，否则编程人员很难根据这样的详细设计书展开编码工作。

有些项目由于时间紧，只能草草应付，甚至是在没有详细设计书的情况下就开始编码，这也是没办法的事情，一切都必须根据实际情况来安排。有些公司历来有完备文档的优良传统，开发工作的进度安排都是将相关文档书写包含在内。由此可见，详细设计书的细致程度虽然在本质上由项目的实际情况决定，但是，我们希望人人都能规范自己的开发过程，通过科学的开发过程保证软件质量。所以，尽可能写出细致的详细设计书吧。

11.4   详细设计的评审

软件工程中，评审是一项非常重要的工程活动，这个已经在欧美的软件工程中被实践和证实了 20 年。

评审是 M. E. Fagan 与 1976 年在 IBM 创出的一种方法，第一次出现在世人的面前应该是发表在 IBM Systems Journal 上的一篇文章 *Design and Code Inspection to Reduce Errors in*

Program Development。

评审是对软件元素或者项目状态的一种评估手段，以确定其是否与计划的结果保持一致，并使其得到改进。详细设计的评审，是确保该功能模块正确地实现了既定要求的重要手段，也是优化算法的一个方法，更是保证软件质量的有力武器。

评审的分类

一般来说，评审（Peer Review）包括下面几种：

- 查看（Inspection）
- 团队评审（Team Review/Technical Review）
- 走查（Walk Though）
- 成对编程（Pair Programming）
- 同行检查（Peer DeskCheck）
- 特别检查（Ad hoc Review）

这 6 种评审各自的具体含义、如何实施等内容不是本章要详细讨论的话题，我们只是要强调评审在详细设计过程（应该说整个软件开发过程）中的重要作用和评审过程中应该注意的几个方面。

1. 评审参与者不了解评审过程

如果评审参与者不了解整个的评审过程，就会有一种自然的抗拒情绪，因为大家看不到做这件事情的效果，感觉到很迷茫，这样会严重的影响大家参与评审的积极性。

2. 评审人员评论开发人员，而不是产品

评审的主要目的是发现产品中的问题，而不是根据产品来评价开发人员的水平。但是往往会出现把产品质量和开发人员水平联系起来的事情，于是评审变了"味"，变成了"批斗大会"，极大地打击了开发人员的自尊心，以至于严重影响评审的效果。

3. 评审没有被安排进入项目计划

参与评审需要投入大量的时间和精力，应该被安排进入项目计划中。但是现实的情况往往是，评审变成了"义务工"，参与评审的人员必须加班加点才能完成评审任务。如此一来，出现评审人员对评审对象不了解的情况也就不足为奇了。

4. 评审会议变成了问题解决方案讨论会

评审会议主要的目的是发现问题，而不是解决问题，问题的解决是评审会议之后需要做的事情。但是，由于开发人员对技术的追求，评审会议往往变成了问题研讨会，大量地占用了评审会议的时间，导致大量评审内容被忽略，留下无数的隐患。

5. 评审人员事先对评审材料没有足够了解

任何一份评审材料都是他人智慧和心血的结晶，需要花足够的时间去了解、熟悉和思考。只有这样，才能在评审会议上发现有价值的深层次问题。在很多的评审中，评审人员因为各种的原因，在评审会议之前对评审材料没有足够的了解，于是出现了评审会议变成了技术报告的怪现象。

6. 评审人员关注于非实质性问题

经常会出现这样的问题，在评审中，评审人员过多地关注于一些非实质性的问题，比如文档的格式、措词，而不是产品的设计。出现这样的情况，可能的原因有：没有选择合适的人参加评审；评审人员对评审对象没有足够的了解，无法发现深层次的问题。

7. 忽视细节

在组织评审的过程中，很多人不太注意细节。比如会议时间的设定、会议的通知、会议场所的选择、会场环境的布置、会议设施的提供、会议上气氛的调节和控制等，而实际上这样的细节会大大影响评审会议的效果。比如，很难想象，大家在一个空气混浊、噪音很大的会议室里面能够全身心的投入。

▶本章小结

本章以《中国教育信息化系统》为案例，主要以检索功能为例子，讲述了如何进行详细设计。还介绍了详细设计的主要工具，以及在详细设计书的书写过程中应注意的地方。

详细设计是编码前的最后一个设计阶段，所以要为编码提供非常详细和正确的信息，使后续的编码工作就如同翻译一样，只要将详细设计书里记载的有关信息正确翻译成为计算机语言就可以了。可以这样说，一份详细且较好的设计书应是让程序员拿到之后就可以顺利进行编码的设计蓝本。

参考文献

[1] 史济民，顾春华，李昌武，苑荣. 软件工程：原理、方法与应用. 北京：高等教育出版社，2010

[2] 林陈雷，郭安源，葛晓东. Visual Basic 教育信息化系统开发实例导航. 北京：人民邮电出版社，2003

[3] 张剑平. 管理信息系统及其教育应用. 北京：科学出版社，2008

[4] 中国教育信息化系统分析书

习题

1．名词解释

（1）判定表　　　　　　　　（3）过程设计语言
（2）判定树　　　　　　　　（4）评审

2．问答题

（1）判定表适合解决哪类问题？
（2）为什么详细设计书的划分应该和功能模块的划分一致？
（3）评审过程中应该注意哪些问题？

3．论述题

（1）简述设计工具 PDL 的优缺点。
（2）参考本章的案例，写一份某行业或某企业信息化系统的详细设计书。

第 12 章
软件项目结束阶段文档写作案例分析

——校园博客系统案例分析

根据软件开发的生命周期，完成了项目立项、需求分析、概要设计、详细设计和编码实现之后，最后进入项目结束阶段。在项目结束阶段需要对所设计和实现的软件进行测试，撰写项目验收总结报告。因此，在前几章讲述项目立项阶段和开发阶段的可行性研究报告、需求分析书、概要设计书和详细设计书的案例分析之后，本章进入项目结束阶段的项目验收总结报告的案例分析篇。

软件验收总结包括一般项目验收测试和软件验收测试。

项目验收测试依据项目计划任务书、项目合同，从软件文档、功能性、可靠性等方面进行符合性测试。测试后出具项目测试总结报告，证明所测项目是否符合计划任务书和项目合同中规定的要求。

软件验收测试从软件文档、功能性、可靠性、易用性以及其他合同规定内容等方面对软件产品进行符合性测试，其测试结果证明软件的质量是否符合合同、软件需求说明书和相应的国家标准中规定的要求。

软件产品验收测试是依据其项目计划任务书或委托开发软件的相关合同书，参照相应的国家标准对将交付验收的软件产品进行一种符合性测试，以验证其是否符合它的规格说明，是否达到预定的计划目标。

测试依据如下：

1.《项目计划任务书》、《项目合同》、《软件需求分析书》。

2.《用户手册》、《操作手册》等。

测试报告提交形式：

《项目验收总结报告》

这里通过典型案例——《校园博客系统》的项目验收总结报告进行说明。

校园博客系统验收总结报告如表12.1所示。

表 12.1　项目验收总结报告封面

文 档 标 识				当 前 版 本	2.0
当 前 状 态	草　稿			发 布 日 期	
	发　布				
修 改 历 史					
日　期	版　本	作　者	修 改 内 容	评 审 号	变 更 控 制 号

12.1 测试概述

12.1.1 编写目的

对校园博客系统项目中所有的软件测试活动，包括测试进度、资源、问题、风险以及测试组和其他组间的协调等进行评估，总结测试活动的成功经验与不足，以便今后更好地开展测试工作。

本系统验收总结报告的预期读者是开发部经理、项目组所有人员、测试组人员以及指导老师。

12.1.2 测试范围

校园博客系统项目因其自身的特殊性，测试组仅依据用户需求说明书和软件需求规格说明书以及相应的设计文档进行系统测试，包括功能测试、性能测试、用户访问与安全控制测试、用户界面测试等，而单元测试由开发人员来执行。校园博客系统的主要功能如下。

博客用户功能：

- 注册新用户
- 注册博客
- 登录系统
- 恢复密码
- 修改密码
- 修改博客信息
- 修改所属院系
- 查看回复和删除评论
- 添加修改和删除日志分类

- 添加修改和删除日志
- 添加修改和删除友情链接
- 浏览日志文章
- 发表评论
- 更改模板
- 发送查看和回复站内信(版本 2.0)
- 添加修改和删除相册(版本 2.0)
- 查看回复和删除留言(版本 2.0)

游客(浏览者)功能：

- 查看网站主页
- 博客精确查询
- 博客模糊查询
- 日志查询
- 浏览博客

- 浏览日志
- 发表评论
- 查看院系
- 浏览站点公告(版本 2.0)

博客系统管理后台：

- 管理员登录系统
- 审核博客注册用户
- 停用和推荐博客
- 增加修改和删除院系

- 增加修改和删除模板
- 发布站点公告(版本 2.0)
- 发送站内信(版本 2.0)

12.1.3　所参考资料

参考资料如表 12.2 所示。

表 12.2　参考资料

资　料　名　称	版　　本	作　　者	是否经过评审	备　　注
校园博客需求表.xls	1.0/2.0		已评审	
校园博客系统测试计划.doc	1.0/2.0		已评审	

12.2　测试计划执行情况

12.2.1　测试类型

测试类型如表 12.3 所示。

表 12.3　测试类型

测　试　类　型	测　试　内　容	测　试　目　的	所用的测试工具和方法
功能测试	博客用户个人前台：注册新用户、登录系统、找回密码、更改密码、更改博客信息、更改所属院系，预览简历信息、查看回复和删除评论，添加修改和删除日志分类，添加修改和删除日志，添加修改和删除友情链接，浏览日志文章，发表评论，更改模板，浏览公告信息(版本 2.0)，发送站内信息(版本 2.0)，管理相册(版本 2.0)	核实所有功能均已正常实现 1. 流程检验：各个业务流程符合常规逻辑，用户使用时不会产生疑问 2. 数据精确：各数据类型的输入输出时统计精确	采用黑盒测试，使用边界值测试、等价类划分、数据驱动等测试方法，进行手工测试
功能测试	游客(浏览者)功能：查看网站主页，博客精确查询，博客模糊查询，日志查询，浏览博客，浏览日志，发表评论，查看院系，浏览公告信息(版本 2.0) 管理后台：管理员登录系统，审核博客注册用户，停用和推荐博客，增加修改和删除院系，增加修改和删除模板，发布站点公告(版本 2.0)，发送站内信息(版本 2.0)		
用户界面(UI)测试	1. 导航、链接、页面结构(包括菜单、背景、颜色、字体、按钮名称、TITLE、提示信息的一致性等) 2. 友好性、易用性、合理性、一致性、正确性等	核实各个窗口风格(包括颜色、字体、提示信息、图标、TITLE 等)都与基准版本保持一致，或符合可接受标准，能保证用户界面的友好性、易操作性，而且符合用户操作习惯	Web 测试通用方法手工测试
安全性和访问控制测试	密码：登录个人用户、管理员用户权限限制 通过修改 URL 非法访问 登录超时限制等	1. 应用程序级别的安全性：核实用户只能操作其所拥有权限能操作的功能 2. 系统级别的安全性：核实只有具备系统访问权限的用户才能访问系统	黑盒测试、手工测试

（续表）

测 试 类 型	测 试 内 容	测 试 目 的	所用的测试工具和方法
性能测试	最大并发数 查询博客、日志时，注册新用户时以及登录时系统的响应时间	核实系统在大流量的数据与多用户操作时软件性能的稳定性，不造成系统崩溃或相关的异常现象	

12.2.2 进度偏差

进度偏差如表 12.4 所示。

表 12.4 进度偏差

测 试 活 动	计划起止日期	实际起止日期	进度偏差	备 注
制定测试计划	2008-8-8 至 2008-8-9	2008-8-8 至 2008-8-9	无	
测试计划评审	2008-8-9	2008-8-10	延迟 1 天	
设计测试用例	2008-8-10 至 2008-8-12	2008-8-10 至 2008-8-12	无	根据需求变更修改用例
测试用例评审	2008-8-12	2008-8-12		
测试执行	2008-8-13 至 2008-8-18	2008-8-15 至 2008-8-19	延迟 2 天	测试移交延迟一天
测试总结	2008-8-19	2008-8-19 至 2008-8-20	延迟 1 天完成	

12.2.3 测试环境与配置

测试环境与配置如表 12.5 所示。

表 12.5 测试环境与配置

资源名称/类型	配 置
测试 PC(4 台)	P4，主频 3.00GHz 以上，硬盘 120GB，内存 2GB
TD7.6 服务器，DB 服务器(同 1 台)	PC Server：2GB 内存、120GB SCSI 硬盘
数据库管理系统	SQL Server 2005
应用软件	Microsoft Office、Visio、Visual SourceSafe、Microsoft Project
客户端前端展示	Internet Explorer 6.0
负载性能测试工具	
功能性测试工具	
测试管理工具	

12.2.4 测试机构和人员

测试机构和人员如表 12.6 所示。

表 12.6　测试机构和人员

测 试 阶 段	测试机构名称	负 责 人	参 与 人 员	所充当角色
模块测试	测试组，开发组	×××	×××，×××	测试人员
系统测试	测试组	×××	×××，×××	测试人员

12.2.5　测试问题小结

在整个系统测试执行期间，项目组开发人员高效及时地解决测试组人员提出的各种缺陷，在一定程度上较好地保证了测试执行的效率以及测试最终期限。但是在整个软件测试活动中还是暴露了一些问题，表现如下：

1. 测试执行时间相对较少，测试通过标准要求较低。
2. 开发人员相关培训未做到位，编码风格各异，细节性错误较多，返工现象存在较多。
3. 测试执行人员对管理平台不够熟悉，使用时效率偏低。
4. 测试执行人员对系统了解不透彻，测试执行时存在理解偏差，导致提交无效缺陷。

12.3　测试总结

12.3.1　测试用例执行结果

测试用例执行结果如表 12.7 所示。

表 12.7　测试用例执行结果

用户需求标识号	测试用例标识号	测试用例名称	用 例 状 态	测 试 结 果	备 注
博客用户部分					
Elevener-校园博客需求表 10.1	XF-A02	用户注册	已执行	测试通过	
Elevener-校园博客需求表 13.1	XF-A03	博客注册	已执行	测试通过	
Elevener-校园博客需求表 12.1 10.2	XF-A04	注册用户登录	已执行	测试通过	
Elevener-校园博客需求表 14.1	XF-C08	修改密码	已执行	测试通过	
Elevener-校园博客需求表 11.1	XF-C010	恢复密码	已执行	测试通过	
Elevener-校园博客需求表 19.1 19.2	XF-C07	修改博客信息	已执行	测试通过	
Elevener-校园博客需求表 19.3	XF-C09	修改所属院系	已执行	测试通过	
Elevener-校园博客需求表 17.1 17.2 17.3	XF-C03	查看回复和删除评论	已执行	测试通过	
Elevener-校园博客需求表 15.1 15.2 15.3	XF-C04	添加修改和删除日志分类	已执行	测试通过	
Elevener-校园博客需求表 16.1 16.2 16.3	XF-C05	添加修改及删除日志	已执行	测试通过	

（续表）

用户需求标识号	测试用例标识号	测试用例名称	用例状态	测试结果	备注
博客用户部分					
Elevener-校园博客需求表 18.1 18.2 18.3	XF-C06	添加修改和删除友情链接	已执行	测试通过	
Elevener-校园博客需求表 16.4	XF-C02	浏览日志文章和发表评论	已执行	测试通过	
Elevener-校园博客需求表 19.4	XF-C011	修改模板	已执行	测试通过	
Elevener-校园博客需求表 20.1 20.2 20.3	XF-C012	发送查看和回复站内信	已执行	测试通过	
Elevener-校园博客需求表	XF-C013	添加修改和删除相册	已执行	测试通过	
Elevener-校园博客需求表	XF-C014		已执行	测试通过	
游客(浏览者)部分					
Elevener-校园博客需求表 21.1	XF-B01	查看网站主页内容	已执行	测试通过	
Elevener-校园博客需求表 21.2	XF-B02	浏览博客	已执行	测试通过	
Elevener-校园博客需求表 22.1 22.2	XF-B03	博客查询	已执行	测试通过	
Elevener-菁菁校园博客需求表 22.3	XF-B04	日志查询	已执行	测试通过	
Elevener-校园博客需求表 23.1 25.1	XF-B05	浏览日志和发表评论	已执行	测试通过	
Elevener-校园博客需求表 24.1	XF-B06	查看院系	已执行	测试通过	
Elevener-校园博客需求表 27.1	XF-B07	浏览站点公告	已执行	测试通过	
后台管理部分					
Elevener-校园博客需求表	XF-A05	管理员登录	已执行	测试通过	
Elevener-校园博客需求表 1.1 1.2	XF-D01	管理员审核注册用户	已执行	测试通过	
Elevener-校园博客需求表 3.1 3.2 8.1	XF-D02	停用和推荐博客	已执行	测试通过	
Elevener-校园博客需求表 4.1 4.2 4.3	XF-D03	增加删除和修改院系	已执行	测试通过	
Elevener-校园博客需求表 5.1 5.2 5.3	XF-D04	增加删除和修改模板			
Elevener-校园博客需求表 9.1	XF-D05	发布站点公告	已执行	测试通过	
Elevener-校园博客需求表 9.2 9.3	XF-D06	发送和接收站内信	已执行	测试通过	
用户界面分析	XF-A01	界面查看	已执行	测试通过	
	XF-C01	博客页面查看	已执行	测试通过	
系统安全分析					
	XF-T1	对注入式攻击的反映	已执行	测试通过	

12.3.2 测试问题解决

表 12.8 描述测试中发现的、没有满足需求或其他方面要求的部分。

表 12.8　没有满足需求的错误或问题

需求标识号	测试用例标识号	错误或问题描述	错误或问题状态
Elevener-校园博客需求表 10.1	XF-A02	注册用户完成时，提示信息有误导作用	已解决
Elevener-校园博客需求表 10.1	XF-A02	重置按钮无效	已解决
Elevener-校园博客需求表 13.1	XF-A03	注册博客时，单击提交后无提示信息也未跳转至其他页面	已解决
Elevener-校园博客需求表 12.1 10.2	XF-A04	已开通博客的用户登录后，总进入博客注册页	已解决
Elevener-校园博客需求表 23.1 25.1	XF-B05	浏览者查看日志评论时删除按钮可见，单击提示出错	已解决
Elevener-校园博客需求表 1.1 1.2	XF-D01	已注册博客的用户，查看数据库，其默认状态为启用	已解决
Elevener-校园博客需求表 4.1 4.2 4.3	XF-D03	管理员无法删除非默认的院系	已解决

12.3.3　测试结果分析

1. 覆盖分析

（1）测试覆盖分析（参见表12.9）

$$测试覆盖率 = 26/33 \times 100\% = 78.8\%$$

表 12.9　测试覆盖分析

需求/功能	用例个数	执行总数	未　执　行	未/漏测分析和原因
系统功能	30	30	0	产生失败数为 7，最后均以合理的处理方式解决
系统安全分析	1	1	0	
系统性能	0	0	0	
用户界面	2	2	0	
运行环境	0	0	0	

（2）需求覆盖分析（参见表12.10）

对应约定的测试文档（《校园博客系统测试计划》），本次测试对系统需求的覆盖情况为：

$$需求覆盖率 = Y(P)项/需求项总数 \times 100\% = 83.33\%$$

表 12.10　需求覆盖分析

需　求　项	测试类型	是否通过[Y][P][N][N/A]	备　注
用户手册等	用户测试	[N]	缺少完整的系统安装部署、使用、系统卸载的说明
系统功能	系统测试	[Y]	
系统安全分析	系统测试	[P]	
系统性能	系统测试	[P]	
用户界面	系统测试	[N/A]	
运行环境	系统测试	[P]	

注：P 表示部分通过，N/A 表示不可测试或者用例不适用。

2．缺陷分析

本次测试中发现 bug 共有28 个。

按缺陷在各功能点的分布情况如表 12.11 所示。

表 12.11　缺陷分析

需求 ＼严重级别	A-严重影响系统运行的错误	B-功能方面一般缺陷，影响系统运行	C-不影响运行但必须修改	D-合理化建议	<total>
用户个人注册	1	3	2	2	8
博客注册			2	1	3
登录系统		1			1
恢复密码					
修改密码		2			2
修改院系	1				1
删除日志分类	1				1
修改日志				2	2
管理员登录	1	1		2	4
审核博客	1			2	3
删除院系		1			1
浏览日志		1			1
发表评论			1		1
<total>	5	9	5	9	28

由统计来看，缺陷大部分集中在注册新用户以及登录，管理员登录系统部分，其余分布较为分散。

12.4　综合评价

12.4.1　软件能力

经过项目组开发人员、测试组人员以及相关人员的协力合作，校园博客系统项目如期完成并达到交付标准。该系统能够实现校园博客系统在用户需求说明书中所约定的功能，即能够基本满足用户(老师和学生)在前台进行用户个人注册、博客注册、登录、写日志、发表评论以及搜索和浏览其他的博客信息，需求方可在博客系统后台根据用户的信息审核博客注册用户、停用或推荐博客，管理院系和博客的模板以及发布站点公告，发送站内信的功能。

12.4.2　缺陷和限制

该系统除基本满足功能需求外，在性能方面还存在不足，有系统继续优化的空间。另外，部分功能在设计上仍存在不足之处。

12.4.3　建议

需求提出方可以在使用该系统的基础上，继续搜集用户的使用需求反馈，并结合市场同类产品的优势，在今后的版本中不断补充并完善功能。

建议当项目组成员确定后，在项目组内部对一些事项进行约定。如开发、测试的通用规范等，将会在一定程度上提高开发和测试的效率。

▶本章小结

本章以校园博客系统作为案例分析，从测试概述、测试计划执行情况、测试总结和综合评价等几个方面讲述了项目验收总结报告的写作方法和技巧。

项目验收总结中最重要的环节是测试，测试是软件生命周期中不可缺少的一个重要阶段，测试工作完成以后，应提交测试计划执行情况的说明，对测试结果加以分析，并提出测试的结论意见。

参考文献

[1]　RON PATTON 著. 张小松，王钰，曹跃译. 软件测试. 北京：机械工业出版社，2006

[2]　GLENFORD J.MYERS 著. 王峰，陈杰译. 软件测试的艺术. 北京：机械工业出版社，2006

[3]　CEM KANER，JAMES BACH，BRET PETTICHORD 著. 韩柯译. 软件测试：经验与教训. 北京：机械工业出版社，2004

[4]　校园博客系统项目验收总结报告

习题

1．名词解释

(1) 项目验收测试　　　　　　　　(4) 白盒测试

(2) 软件验收测试　　　　　　　　(5) 边界值测试

(3) 黑盒测试　　　　　　　　　　(6) 缺陷

2．问答题

(1) 为什么要进行测试?

(2) 常用的软件测试方法有哪些?

(3) 黑盒测试和白盒测试的区别是什么?

3．论述题

(1) 通过本章的案例分析，你是如何理解项目验收总结报告的写作要点的?

(2) 参考本章的案例，写一份项目验收总结报告。

第13章

总　　结

本书以理论讲述为基础，案例分析为主，主要介绍了软件项目开发过程中可行性研究报告、招投标文件、项目建议书、需求分析书、概要设计书、详细设计书和项目验收总结报告等的写作方法和技巧。本章对以上内容做一总结。

1．可行性研究报告

可行性研究报告说明该软件开发项目的实现在技术上、经济上和社会因素上的可行性，评述为了合理地达到开发目标可供选择的各种可能实施方案，说明并论证所选定实施方案的理由。

2．招投标文件

招投标文件应明确投标人商务相应的具体要求，包括：(1)有关对投标人在投标报价、报价明细及依据方面响应的具体要求；(2)有关对投标人在资格证明文件方面相应的具体要求。招投标文件还应明确投标人技术相应的具体要求，包括：(1)有关对投标人在招标的技术需求相应方面的具体要求；(2)有关对投标人填报技术规格偏离表方面的具体要求。招投标文件要提高招标文件中技术需求的编写工作质量。

3．项目建议书

必须对项目的目标及目的十分清晰，以至于通过这一部分对项目的要点进行简要的概述。概述计划的一种十分有效的方式就是，用一句话来说明项目的参与人、内容、时间、地点以及目的。这就描绘出了项目的大致轮廓，能使读者或电话的另一方很快明白你的项目。如果你在开端用几句话就能推销你的项目，那么便可紧紧吸引潜在投资人的兴趣，并能在进入细节介绍之前给其留下良好的印象。

每份项目建议书的实际内容各不相同，但大多数建议书都有一个核心部分。不同的基金会对于核心部分的表述形式要求各异，有的倾向于文字叙述，有的喜欢用表格表达，还有的则喜欢两者结合。有时在表格中只需填写基本的信息，而详细信息则包含于附件的商业计划书中。

4．需求分析书

需求分析书对所开发软件的功能、性能、用户界面及运行环境等做出详细的说明。它是在用户与开发人员双方对软件需求取得共同理解并达成协议的条件下编写的，也是实施开发工作的基础。需求分析书的写作需要注意以下几点：

(1) 需求分析书的编写者要参与到需求的搜集工作中，准确领会客户的意图，并转化为软件能够实现的功能。对于说不清楚需求的客户，要善于问关键问题，引导客户提出自己的需求。可以采取的措施是事先编制一个问卷调查之类的文档，详细列举需要客户回答的问题，以便防止遗漏。

(2) 需求分析书的编写者要能够对客户需求进行深入分析，区别出哪些需求存在日后变更的可能，哪些需求属于相对固定的，哪些需求能够实现，哪些需求需要变通才能实现，以便于指导后面的功能设计。

(3) 需求分析报告对功能细节的描述不能有歧义，描述一定要全面、准确，防止开发方和客户之间对同一个问题有两个截然不同的理解。可以通过评审，用大家的力量来避免这种情况发生。

(4) 需求分析书的每个关乎功能的描述都要让客户明白和理解，客户在理解之上的确认才能够保证日后一旦出现问题不至于出现双方互相推托责任纠缠不清的情况。

(5) 需求分析书一定要经过一个有技术人员和业务人员参加的评审，要充分发挥团队的力量，重视每个人的才智，一个模块一个功能逐一地过，让大家来共同找出需求报告里不合理的、有歧义的、不完善的、遗漏的问题。

(6) 帮助客户去理解提交给他的需求分析书而不是只等着签字，对于有能够用好几种方式实现的功能，尽量做到能让客户去比较和选择。不要让客户对报告中的部分产生歧义。只有客户对报告的完全理解，才能在日后客户提出的修改被认为是需求变更的时候能够得到客户的理解。

(7) 最后，需求分析报告一定要双方共同签字确认。

5．概要设计书

概要设计书是概要实际阶段的工作成果，它应说明功能分配、模块划分、程序的总体结构、输入输出以及接口设计、运行设计、数据结构设计和出错处理设计等，为详细设计提供基础。

概要设计书的任务可以小结如下：

● 制定规范：代码体系、接口规约、命名规则。这是项目组今后共同作战的基础，有了开发规范和程序模块之间和项目成员彼此之间的接口规则、方式方法，大家就有了共同的工作语言、共同的工作平台，使整个软件开发工作可以协调有序地进行。

- 总体结构设计：功能模块。每个功能用哪些模块实现，保证每个功能都有相应的模块来实现。
- 模块层次结构：某个角度的软件框架视图。
- 模块间的调用关系：模块间接口的总体描述。
- 模块间的接口：传递的信息及其结构。
- 处理方式设计：满足功能和性能的算法。
- 用户界面设计。
- 数据结构设计。
- 详细的数据结构：表、索引、文件。
- 算法相关逻辑数据结构及其操作。
- 上述操作的程序模块说明（在前台？在后台？用视图？用过程？⋯⋯）。
- 接口控制表的数据结构和使用规则。
- 其他性能设计。

6. 详细设计书

详细设计书着重描述每一模块是怎样实现的，包括实现算法、逻辑流程等。

详细设计书的任务是，为软件结构图中的每个模块确定所采用的算法和块内数据结构，用某种选定的表达工具给出清晰的描述，表达工具可以自由选择，但工具必须具有描述过程细节的能力，而且能够有利于程序员在编程时便于直接翻译成程序设计语言的源程序。

程序流程图、盒图、PAD 图、HIPU 图、PDL 语言等都是完成详细设计书的工具，选择合适的工具并且正确地使用是十分重要的。面向数据结构设计方法（Jackson 方法）是进行详细设计的形式化方法。

在软件详细设计阶段，将生成详细设计说明书，为每个模块确定采用的算法，确定每个模块使用的数据结构，确定每个模块的接口细节。在软件详细设计结束时，软件详细设计说明书通过复审的形式形成正式文档，作为下一个阶段的工作依据。

在概要设计阶段，已经确定了软件系统的总体结构，给出了软件系统中各个组成模块的功能和模块间的接口。作为软件设计的第二步，软件详细设计就是在软件概要设计的基础上，考虑如何实现定义的软件系统，直到对系统中的每个模块给出了足够详细的过程描述。在软件详细设计以后，程序员将仍旧根据详细设计的过程编写出实际的程序代码。因此，软件详细设计的结果基本上决定了最终的程序代码质量。

7. 项目验收总结报告

项目验收总结报告是软件项目开发完成以后，对所开发的软件进行测试，还要与项目实施计划对照，总结实际执行的情况，如进度、成果、资源利用、成本和投入的人力，此外，还需对开发工作做出评价，总结出经验和教训。

现代软件开发项目不仅可以采用传统的软件开发方法，而且可能采用诸如敏捷方法、极限编程、面向服务的软件工程和面向方面的软件工程等现代软件开发方法。本书限于篇幅和内容的连贯性的考虑，主要介绍了传统的软件开发方法中软件文档的写作方法和技巧，对当今软件工程领域前沿的开发思想及其文档写作，作为一个课题，作者将会继续进行探讨和研究。